JN002813

宇宙飛行士

野口聡一の全仕事術

「究極のテレワーク」と
困難を突破する
コミュニケーション力

民間宇宙船クルードラゴン初号機（Crew-1）「レジリエンス」は、2020年11月15日午後7時27分、打ち上げに成功。ロケットを分離しながら国際宇宙ステーション（ISS）へと向かう。

©NASA

上 / ISSに接近するクルードラゴン。
下 / ISSにドッキング！

ISS のキューポラ（観測用ドーム）からの地球。©Soichi Noguchi

ISS は秒速 8km で地球を周回している。写真は 2021 年 4 月 23 日、太陽を通過するわたしたちを乗せた ISS のシルエット。

ISS に係留中のクルードラゴンと月。

上 / ISS のキューポラから見た、地球の日の出。
下 / 地球上を流れるオーロラ。

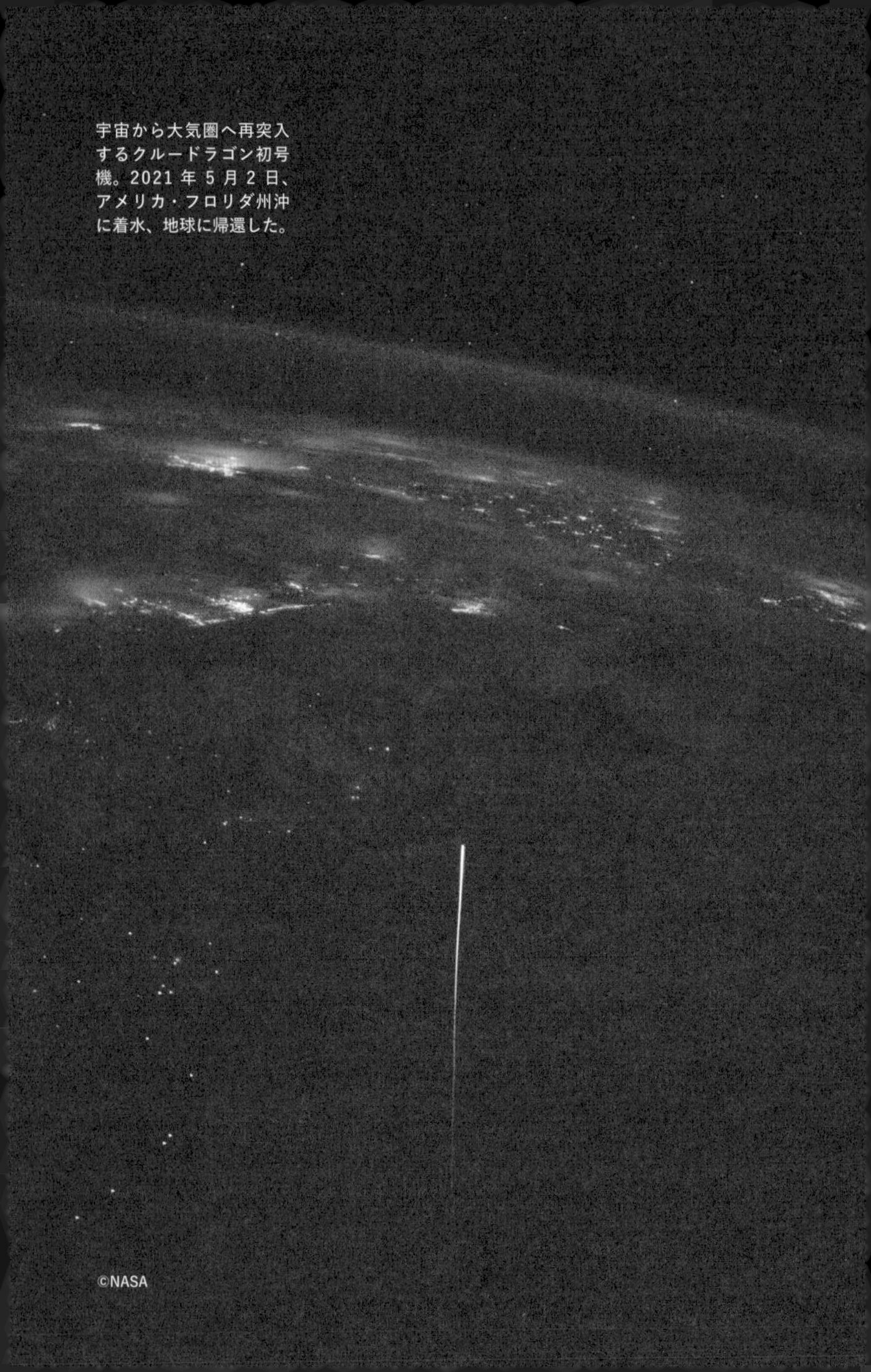

宇宙から大気圏へ再突入するクルードラゴン初号機。2021年5月2日、アメリカ・フロリダ州沖に着水、地球に帰還した。

©NASA

この本を、故・立花隆先生に捧ぐ

目次

第2章　こちら、国際宇宙ステーション！

エピローグ〜宇宙とわたしの未来

プロローグ

民間の新型宇宙船「クルードラゴン」の打ち上げ

２０２０年11月15日午後7時27分、アメリカ合衆国（以下、アメリカ）の民間宇宙企業「スペースX《エックス》」が生み出した新型宇宙船「クルードラゴン」は、フロリダ州ケープカナベラルにあるケネディ宇宙センターから打ち上げられた。

機体はおよそ12分後、国際宇宙ステーション（ＩＳＳ）に向かう軌道に入った。民間初となる本格的な有人飛行の成功に、搭乗クルーの４人は興奮を隠せないでいた。そのひとり、日本人として初めて民間宇宙船に乗り込んだわたしは、過去2度にわたる宇宙飛行体験とは明らかに違う感覚をこのとき覚えていた。

白と黒に統一されたスタイリッシュな船内を見渡すと、操縦席にはタブレットをそのままはめ込んだようなシンプルな操縦用のタッチパネルが並んでいる。これまでに搭乗したアメリカのスペースシャトルやロシアのソユーズはコックピット内にボタンと計器類がぎっしりと並び、壁にはケーブルが無数にはっていたものだ。そんな「機関室」のような操縦席を見慣れていたわたしは、まるでショールームのように整然としたクルードラゴンのコックピットデザインに、あらためて見とれていた。

クルードラゴン初号機内にて。左からシャノン・ウォーカー、ビクター・グローバー、コマンダーのマイケル・ホプキンス（いずれも NASA）、そして野口聡一（JAXA）。

クルーが腰掛けているシートは、まるで繭《まゆ》にくるまれたようにゆったりと体を包み込んでくれる快適さ。大きくくりぬかれた窓もあり、みずみずしい地球の様子も手にとるように分かる。身につけているのは、ハリウッド映画「バットマン」の衣装担当が手がけたフィット感あふれる軽快な宇宙服。わたしたちは、夢物語と思われていた宇宙旅行の世界をその手につかもうとしていたのだ。

打ち上げからおよそ27時間半後、クルードラゴンは地上から４００㎞離れた国際宇宙ステーションとのドッキングに成功。さっそく、わたしは地上に向けて、愛読マンガ『鬼滅の刃』の名文句を引きながら語りかけていた。

「日本のみなさま、クルードラゴン運用初号機、無事に国際宇宙ステーションとドッキングしました。民間宇宙船の成功に立ち会えてとても幸せです。われわれレジリエンス・クルーは、訓練の間、そして打ち上がった後も、さまざまな困難な状況に直面しましたが、〝全集中〟で乗り切ってきました。これから半年間の宇宙滞在も、みなさんと感動を分かち合いましょう。“All《オール》 for《フォー》 one《ワン》. Crew-1《クルーワン》 for《フォー》 all《オール》.”」

レジリエンス（resilience）とは、苦境から立ち直る強じん性と回復力を意味する言葉。〝Crew《クルー》-1《ワン》〟は、わたしたちが搭乗したクルードラゴン初号機の呼称だ。わたしはこのメッセージで「みんなはひとりのため。わたしたちクルーワンはみんなのため」と連帯を呼び掛けた。国際宇宙ステーションのわたしたちが地上のみなさんと手を携え、寄り添いながら、時代の困難と向き合うために。

宇宙空間に出現したテレワーク環境

漆黒の宇宙に激しい光を放ちながら浮かぶ満月。それはやがて光を失い、群青色に染まる地球の大気に溶け込むように沈んでいく――。

地上では見られないその幻想的なシーンに、わたしは自ら電子ピアノで演奏したショパン「別れの曲」のもの悲しい調べをのせ、最後に「バイ、バイ」と言って手を振った。

これは、わたしが国際宇宙ステーションからユーチューブにアップした動画だ。動画の長さは2分9秒。再生回数は14万回を超えた。コメント欄にはこんな書き込みが寄せられていた。

「野口さんのユーチューブを見始めてから、どんどん宇宙と野口さんの魅力に惹かれています」

「涙が出てしまいます。たくさんの感動をありがとうございました」

わたしはユーチューブチャンネル「Ｓｏｉｃｈｉ　Ｎｏｇｕｃｈｉ」を開設し、80本を超える撮影動画の配信を続けた。地上では日常的になっているオンラインの動画配信を、ここ国際宇宙ステーションでも当たり前のようにできることを、地上のみなさんに身近に感じてもらいたかったからだ。

動画配信は国際宇宙ステーションでも日常的になりつつある。科学技術の発展のたまもので、人工衛星を介した通信環境は以前に比べると見違えるようによくなっている。

わたしが国際宇宙ステーションを前回訪れたのは２００９年。そのときはようやくインターネット回線を使ったネットサーフィンができるようになり、ツイッターにチャレンジしてみた。ただ回線がまだ細かったので静止画1枚をアップするのが精いっぱいだった。でも今回は、国際宇宙ステーションと地上をつなぐ通信環境が劇的に改善したので、大容量の動画がストレスなく送れるようになっていたのだ。数分のビデオクリップはもちろんのこと、４Ｋで撮影したきれいな宇宙空間の動画だって送ることができる。地上と遜色ないオンライン環境が整っていた。

こうした通信環境は、何もユーチューブのために用意されたものではない。地上のアメリカ航空宇宙局（ＮＡＳＡ）や日本の宇宙航空研究開発機構（ＪＡＸＡ）との連絡はいまやオンラインの画像送信システムを使って行われるのが日常になっている。科学実験に欠かせない「手順書」がどんなに大容量になっても地上から送付できるし、宇宙での科学実験の様子を地上に生中継できるようにもなっている。

地上から400km離れた宇宙に浮かぶ国際宇宙ステーションは、地上スタッフと物理的に切り離された環境ながらも快適な通信環境で結ばれるようになった。毎朝、地上と打ち合わせをし、指示を確認してから仕事を始める。国際宇宙ステーションでの勤務は〝究極のテレワーク〟なのだ。

国際宇宙ステーションそのものは閉ざされた空間であり、その窮屈さの度合いからみても、地上のテレワーク以上につらい勤務環境に置かれているといえるだろう。気分転換にふらりと外へ出かけるわけにもいかず、半年間にわたる長期滞在中、時にストレスを抱え、時に孤独さを感じることもあった。そこで週末などの余暇を利用して、日本の友人たちによく電話をかけていた。国際宇宙ステーションの中ではどうしても英語が中心になる。地上に電話をかけ、日本語で話ができるのは、わたしにとって何よりのリフレッシュ剤になっていた。

地上への1本の電話

それは今年春のこと。わたしは、国際宇宙ステーションのＩＰ《アイピー》電話（インターネット回線を利用した電話アプリ）を手にとると、日本の友人に電話をかけてみた。長い呼び出し音の後、ようやく電話に出た友人はやや怪訝そうだ。ちょっと低めの「Hello《ハロー》」という声が聞こえてくる。スマホに表示された国際電話の番号に少し驚いたらしい。わたしが「国際宇宙ステーションから野口です」と呼びかけると、「えっ！」と絶句する声。電話の向こうにいた友人はやや間が空いた後、こう叫んだ。「宇宙から？　うそっ！」。

突然の電話に友人は驚いた様子だったが、ふたりとも束の間のおしゃべりを楽しむことができた。ところが地上に帰還して数カ月後、友人から、あの宇宙からの電話の一件で思わぬ心境を明かされた。

「あのときは、ステイホームのストレスが吹き飛んだんです」

電話をかけたわたしの方こそ、友人の声を聞いて元気をもらっているつもりだった。宇宙にいてどうしても精神的に孤立しがちなわたしは、電話を通して「ひとりじゃないんだ」とポジティブな気持ちにさせてもらっていたのだ。

ところが、地上にいたその友人も同じ思いだったという。ストレス解消やリフレッシュ効果が、宇宙と地上で同時に起きていたというこの思わぬ現象に、わたしはひどく興味をそそられた。

このエピソードを思い返しながら、「自分はいつでも世界とつながれる。つながっていけるという気持ちこそが大事なんだ」とつくづく感じる。

わたしは宇宙の閉鎖空間に滞在していたけれども、孤立しているわけではなかった。物理的に隔離されている場所から、いかに精神的につながっていくか。人間は、人間同士のつながりや、社会との関係において自己の存在感を認識する。鏡としての集団社会がないと自分の位置を確認することはできない生き物なのだろう。

Empathy《エンパシー》 not《ノット》 Sympathy《シンパシー》（同情ではなく共感が大事）

宇宙からの1本の電話に関するエピソードには、とても大切な心のカギが隠されていると思う。それは宇宙にいたわたしとコロナ禍でステイホームしていた地上の友人が、同じような隔離と孤立を乗り越えて、お互いの心情に共感できるということ。コロナ禍のアメリカでも、エンパシー、すなわち「共感」とか「感情移入」という言葉がキーワードになりつつある。いまの時代、エンパシーが大事であって、シンパシー（同情）ではないのだ。

かみ砕いて言うなら、相手の状況を頭の中で理性的に理解して「あなたのいる状況はかわいそう」と言うのがシンパシー。一方のエンパシーは、相手が抱えている感情や環境をそっくりそのまま自分のものとして受け入れられるという意味になるだろうか。シンパシーもエンパシーも自然な人間の感情だが、微妙に違う。

この秋、アメリカはハリケーンの大洪水に見舞われていた。洪水で家が流されるシーンが次々とテレビニュースに映し出される様子に心が張り裂けそうになる。それは、シンパシーなのか、それともエンパシーを感じているのか。

もし自分自身に大洪水に見舞われた経験がなければ、被災者の大変さは頭で理解できても、わが身のこととして痛みは感じないんじゃないか。同情や憐み。それがシンパシーだ。

でも、自分自身に似たような経験があれば、被災した方に「あのときの光景がよみがえる」とか「うちもあのとき子どもを抱えてひどく大変だったんだよ」などと語りかけ、具体的な体験と苦しみとともに心の底から共感できるだろう。わが事として、感情が入っていける。それがエンパシーなのだ。

宇宙に滞在するわたしには、閉鎖環境の大変さや孤立する切なさが、痛いほど分かる。だからこそ、コロナ禍の時代、大変な思いをしているステイホームの人たちに、わたしは共感し、感情移入することができる。相手が体験している厳しい状況をわが事として感じ、理解できる。このことを突き詰めていくと、他人に共感できるかどうかは、ひとえに人間としての経験の深さに関わってくるように思う。

困難から立ち上がる力「レジリエンス」

わたしは宇宙の長期滞在中、地上のことを思わない日はなかった。世界中に広がり、猛威を振るう新型コロナウイルスは、人々の動きを止め、「ひきこもり」といえるほどの長期にわたる在宅活動を強いてきた。否応なしに生活様式の変更を迫る「ニューノーマル」と呼ばれる時代に宇宙船活動と同じ過酷な状況を感じ、みんなでそれを乗り越えようと、新型宇宙船を「レジリエンス」と命名した。

わたしたち宇宙飛行士は、地上から遠く離れながら、分刻みのスケジュールに追われる〝究極のテレワーカー〟だと思う。地上との交信の機微、飛行士仲間が織りなす人間関係の妙味から学んだ長年の知恵がある。そしてわたしの3度にわたる宇宙体験は、心と体の安定を保つためのさまざまなシグナルとメソッドも与えてくれている。その数々をこれからお伝えしていきたい。

ISS内に貼られたクルードラゴン初号機（Crew-1）のミッションステッカーとクルー4人のサイン。

第1章　究極のテレワーク

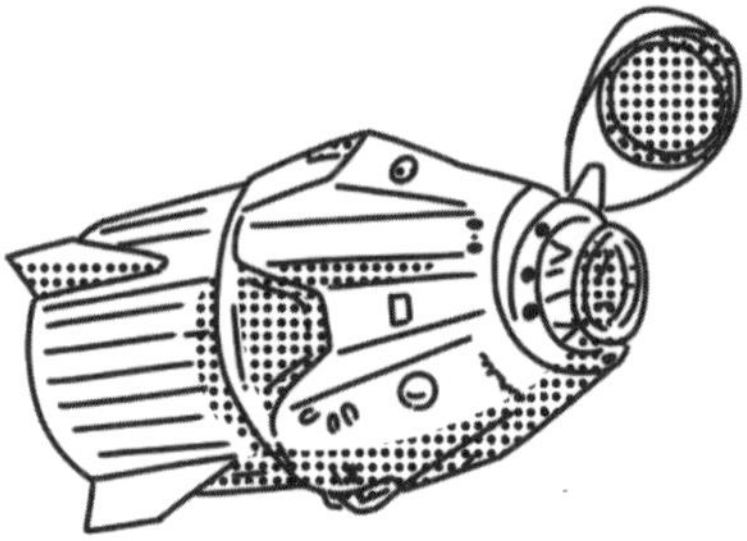

CREW DRAGON

わたしは宇宙勤務のテレワーカー

10年ぶりに訪れた国際宇宙ステーション

２０２０年11月17日未明。スペースXの新型宇宙船「クルードラゴン」は、国際宇宙ステーションの出入り口にあたるエアロックに無事ドッキングした。

エアロックには内側と外側にそれぞれハッチ（扉）があり、中から空気が外へ漏れたり荷物が飛び出したりしないよう、ふたつのハッチの間を真空状態にしてある。人がここを通って船内に入るには、じっくりと時間をかけてエアロック内の気圧を調整する必要がある。その間、わたしたちクルー４人は飛行中に身につけた宇宙服からおそろいの赤いポロシャツに着替え、入室の準備を整えていた。

ドッキングから2時間後。ついに、エアロックのハッチが開いた。わたしは、水中を泳ぐ魚のように、弾みを付けてクルードラゴンを飛び出した。

「あぁ、懐かしいにおいがする」

国際宇宙ステーションから流れてきた空気には、金属機器に由来する独特のにおいが含まれていた。10年ぶりに鼻腔《びくう》をくすぐるにおいだ。続いて、わたしの視界には、両手を広げて出迎えてくれるロシアの先発隊クルー３人の笑顔が飛び込んできた。

先発隊と熱い抱擁を交わしたわたしたちは、国際宇宙ステーションの中をくまなく見て回った。ここは日本やアメリカ、ロシアなど15カ国が参加する宇宙基地である。実験や研究を行うための施設「実験モジュール」や、クルーたちが暮らす「居住モジュール」、電力をつくり出す「太陽電池パドル」、船外での作業に活躍する「ロボットアーム」といった施設で構成されている。国際宇宙ステーションがそのまま地上に降りてきたら、サッカー場が全て埋まってしまうほどの大きさがある。

わたしたちが滞在するアメリカの居住モジュール「ＮＯＤＥ《ノード》２」とロシアのモジュールには寝室として使える個室が計六つ。場所は少し離れているが、20年以上前から国際宇宙ステーションの中心として機能している「ＮＯＤＥ１」には食卓とキッチン。また同じくアメリカが提供している生活モジュール「ＮＯＤＥ３」にはトイレ、筋トレマシンやランニングマシンなどの運動用器具、という感じで生活の必需品も全てそろっている。以前のトイレは故障しがちだったが、よく改善され、信頼性がアップしていた。

クルードラゴンの合流によって滞在者が初めて７人になり、個室がひとつ足りなくなったのが唯一の難点だった。過渡的措置として、アメリカ人宇宙飛行士のマイケル・ホプキンスがクルードラゴンの貨物室を寝室に切り替えて使うことになった。

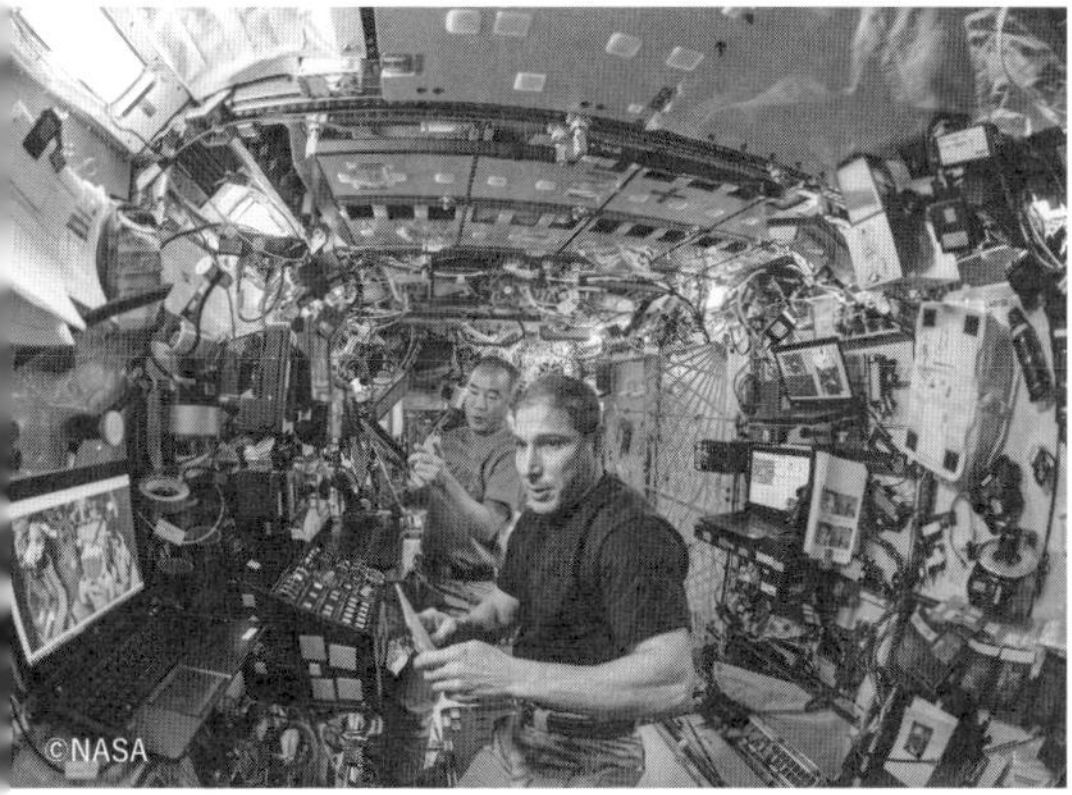

いたるところにパソコンやタブレットが備えられている。マイケル・ホプキンス飛行士と。

国際宇宙ステーションの施設構成そのものは10年前とほぼ変わらなかった。その一方で、居住環境は大きく変化していた。船内の荷物が、ことのほか増えているのだ。連日の科学実験のせいだろう。部屋の壁面には、上下や左右に実験機器や備品の収納袋がところ狭しと取り付けられ、それを取り巻くように電気の配線がはっている。よく見ると、以前にはなかった３Ｄプリンターもある。物を増やせば、どうしても古いものが残ってしまう。これからは、国際宇宙ステーションも断捨離の時代に入るのかもしれない。

狭くなった船内を行き来するには、クルーにぶつからないよう気を配らないといけない。まるで、お客さんでにぎわうアーケード街をぬって歩いているような気分になる。

そして、国際宇宙ステーションのあちらこちらの壁面から、稼働したノートパソコンが突き出ているのが目についた。まさに、ここが宇宙のテレワーク拠点だとひと目で分かる風景だ。

地上の遠隔操作で動く「スペースアバター」

「国際宇宙ステーションのカメラが動いてるよ。あっ、窓の外に、青い地球が映ってる！」

クルードラゴンが国際宇宙ステーションに到着してから3日後のこと。2020年11月21日（日本時間）、東京・港区の虎ノ門ヒルズに開設されたイベント会場では、駆け付けた一般の方々が驚きの声を上げていた。

イベント会場で円盤の形をした操作パネルを指でこするようにして動かすと、国際宇宙ステーションの日本実験棟「きぼう」に設置したアバター（分身）ロボットが遠隔操作で動き出し、さまざまな角度から映像を地上に送り始めたのだ。

「スペースアバター」と名付けられたロボットには４Ｋカメラが付いていて、高精細の映像をリアルタイムで伝送できる仕組みになっている。

ためしに、わたしは「きぼう」の室内に２種類の工具を隠してみた。すると、地上の指示を受けたアバターが動き出し、捜し回ったのだ。あるいはわたしがポーズをとると、アバターもまねて上下左右に動くのがおかしかった。アバターが窓の方向に向き、地球の姿を捉えた映像を送ったときには、地上のイベント会場で大きな反響を呼んでいた。

この取り組み、実は〝掟《おきて》破り〟の実証試験といってもいいかもしれない。本来、国際宇宙ステーションの機器を誤作動から守るために、地上ではＮＡＳＡやＪＡＸＡのようなあらかじめ定められた拠点に限ってデータ通信による指令を許されていた。今回、日本の民間企業が安全性を担保した高度な技術を認められたので、拠点以外からＪＡＸＡ経由ながら初めて指令を発信することができたのである。

地上と国際宇宙ステーションという物理的に離れた場所いるスタッフたちが、まるで隣に居合わせているかのような錯覚すら覚えかねない出来事かもしれない。ただ、地上の遠隔操作で国際宇宙ステーションを何もかも自動で動かせる時代は、まだまだ遠い未来なのだろう。現場に臨場し、人の手を尽くして国際宇宙ステーションを維持してあげないと、いつ機能停止するとも限らないからだ。

究極のテレワーク〝船外ミッション〟

船外活動に立ちはだかる宇宙空間の闇

２０２１年3月5日午前11時37分。わたしは女性飛行士のケイト・ルービンス（ＮＡＳＡ）と国際宇宙ステーションから船外に通じるエアロックのハッチを開け、真空の世界へそっと飛び出した。それは6時間56分にわたる過酷な船外活動の始まりだった。

わたしたちふたりには、ある重要なミッションが課せられていた。ひとつ前のクルーが取り組んだ船外活動のうち、成功しなかった新型太陽電池アレイ（巨大な電池パネル）を取り付ける土台の設置だ。サッカー場ぐらいの広さがある国際宇宙ステーションの一番先まで宇宙空間を移動し、本来なら物を取り付ける場所ではないところに新しい土台を巨大なボルトで取り付ける。手すりすらない場所。文字通り、手探りのミッションだった。

太陽電池は日進月歩で性能が上がっている。国際宇宙ステーションを打ち上げた20年以上前に設置した電池の半分以下のサイズでも、2倍以上の出力がある。

そこで、従来の太陽電池アレイはそのままにして、新たな場所に土台を築き、新型電池を設置しようという計画だった。そのためには、新たな土台を築く〝更地〟を探さないといけない。行き着いたのが、国際宇宙ステーションの一番端っこだったのだ。

地上では、実際に使う部品で予備実験を行い、成功している。しかし、20年以上が経つ国際宇宙ステーションの外壁は経年劣化を起こし、地上実験で使えたはずの部品は微妙にサイズが合わず、前回のクルーはどうしても土台を設置することができなかった。果たして、今度はうまくいくのかどうか。迷いがなかったといえば、ウソになる。
　わたしたちはエアロックから手すりをたどりながら、およそ50ｍの距離を30分ほどかけて移動した。意外に知られていないことだが、船外活動用の命綱の長さは25ｍしかない。そのため、国際宇宙ステーションの端まで行くには一本の命綱では足りず、途中で別の命綱に付け替えたりする必要があった。こうして苦労の末にたどり着いたのは、Ｐ6トラス。トンボのように羽を広げている太陽電池アレイのある巨大な構造物だ。それは、国際宇宙ステーションの進行方向から見て左舷の左端だった。

船外活動では、ISSにたくさん付けられた手すりを伝って移動する。写真はビクター・グローバー飛行士。

　過去3度の船外活動でも経験したことのない、国際宇宙ステーションの最先端。そこは、想像を絶する世界だった。手すりが途絶え、その先は構造物が何もなく、真っ暗な闇。ヘッドライトを当てても、何も反射してこなかった。「おかしい、もう夜なのか」。いぶかしげに眼下を見ると、漆黒の闇に浮かぶ明るい地球が見える。やはり、いまは昼なのだ。

国際宇宙ステーションの最先端を凝視すると、その先は光の届かない闇の中に溶け込んでいる。何ものの存在も認めない、虚無の世界がぽっかりと口を開けているような感覚に襲われた。４度目の船外活動にして、初めて抱いた感覚。頭では理解しているつもりだったのに、光の返ってこない世界と向き合ったときの言い知れぬ恐怖感。それはやはり、死の感覚だったように思う。

つかまることのできる手すりのギリギリの端を指でつまみ、かろうじて体を支えた。もうひとつの手をぐいと伸ばし、土台を外壁に組み込むための巨大ボルトを特殊工具でめいっぱい締める作業に取りかかった。

作業中も、闇の入り口に引き込まれそうな感覚に何度も襲われた。この指を離したら、わたしは死の世界に行ってしまう。そんな明確な意識があった。もはや生と死を隔てる境界線ではなく、わずかな境界点だった。わたしの指先だけが命の世界につながり、残りのわたしは死の世界に入り込もうとしている。

実際には命綱が付いているからそんなことはないのだろうけれども、そのまま向こうの世界に飲まれたら、星のもくずとなって、誰にもみとられずに消え去ってしまうのかもしれない……。

究極の中の究極のテレワーク

今回のミッションに備えて新しいツールも用意したが、持参できるものには限りがあった。普段使いのパソコンや、作業の指示内容をまとめた手順書も大きすぎて持ち出せない。片方の腕に取り付けられる小さなノートはあるけれども、記載できる分量は限られていた。

その上、宇宙空間は絶えず危険にさらされている。「宇宙ごみ」と呼ばれるスペースデブリ（space debris）が飛び交っているからだ。「ごみ」といっても家庭で出るごみとはわけが違う。過去のロケットや宇宙船からはずれた小さな部品やネジの破片が、高速で飛び交っているのがその正体である。大きさはわずか数ミリから数センチのものがほとんどだが、たとえ1㎜以下の破片でも国際宇宙ステーションにぶつかると、まるで銃弾のように突き抜けてしまいかねない。実際、国際宇宙ステーションの外壁には「宇宙ごみ」がぶつかってできた傷が無数にあった。

こんなところでトラブルが起きたら、どうなるだろう。助けてくれる地上のフライトコントローラー、つまり管制官との通信手段は音声回線1本だけ。通信状況に問題が生じたらこの回線も使えなくなり、あらゆる人とのつながりから隔てられてしまう。ゆえに、わたしは船外活動のことを「究極の中の究極のテレワーク」だと思っている。

正午前に国際宇宙ステーションを飛び出したわたしとケイトは、重要ミッションである土台の設置作業に没頭していた。やはり、地上のテストとは事情が違い、思うように取り付けができない。わたしは、地上の管制官と緊迫するやりとりを繰り返しながら、想定を超える力を出してボルトを締め付け、何とか取り付けを終えようと必死になっていた。

そんなとき、問題の出来事は起きた。船外活動では、万が一に備え、宇宙服や手袋を定期的にチェックする決まりになっている。作業が始まっておよそ3時間半後。音声回路を通じ、パートナーのケイトの声が聞こえた。

「手袋に傷が付いたかもしれない」

身に迫る危険

ケイトから「手袋に傷が付いたかもしれない」と連絡が入ると、同じ音声を聞いたわたしと地上の管制官たちは、事態の深刻さにすぐ気が付いた。もし、手袋に穴が開いているとしたら、長らく手すりをつかんだり、強い力でスパナを締めたりすることは難しい。傷はそこから一気に広がり、空気が漏れてしまうかもしれないからだ。

ケイトによると、重層構造になっている手袋の表面にあるシリコン層に確かに傷が入っているという。果たしてその傷は、一番外側のシリコン層でとどまっているのか、それとも、さらに下層の強化繊維にまで及んでいるのか、ヘルメット越しの限られた視野で判断するのは難しいだろう。もし下層まで傷が走っていると、やがて手袋から空気漏れが起きる。手袋と宇宙服は一体になっているから、宇宙服全体の気圧が下がり、酸素不足を起こす。そうしたら酸素ボンベはあっという間に空になって、命の危険に直結する事態になる。

原因は容易に想像ができた。先に触れた「宇宙ごみ」だ。「宇宙ごみ」が衝突した場所には「シャープエッジ」という金属のトゲができる。そこをうっかり触ってしまえば、強化繊維でできた手袋であっても簡単に穴が開いてしまう。実際、過去の船外活動中にそんな例はいくつもあった。

　ＮＡＳＡはこうした事態を見越し、巨大なプールを使った船外活動の救出訓練を宇宙飛行士全員に受けさせている。模擬宇宙服を着たふたりのどちらかに空気漏れが起きたと想定し、残るひとりがその宇宙飛行士を救出する訓練だ。

　空気漏れが起きた宇宙飛行士はもう動けないと想定して、その宇宙飛行士を自分の体にくくり付け、一緒にエアロックまで戻る動作を繰り返す。その際、やりかけの作業を片付け、自分とパートナーの道具を一緒にしまい込んで、全て自分の体に固定してから移動しないといけない。エアロックまで戻り、ハッチを閉めるまでの制限時間は30分。この訓練に合格しないと、ＮＡＳＡは船外活動に出る資格があるとは認めてくれないのだ。もちろん、わたしとケイトはいずれもその訓練にパスしていた。

　この訓練の手順を頭の中で思い出しながら、わたしはケイトの次の状況報告を待っていた。手持ちの作業を続けつつも、いつ管制官から「作業、ストップ！」「緊急避難してくれ」と指示がきてもスムーズに移行できるよう、じりじりする思いでその瞬間に備えた。

最初に直接的な指示を出せ

ケイトが「手袋に傷が付いたかもしれない」と話したとき、その声はかなり抑えたトーンだった。わたしは「分かった、わたしの方も準備する」と応じ、地上側も「了解」「こちらで次の作業についてディスカッションする」と淡々と返事をした。地上の管制官は、空気漏れを想定し、さまざまな緊急オペレーションに入る準備を始めつつあった。「手袋に傷」と言うだけで、わたしも地上も必要なモードに入ることができた。

ケイトがよくよく手袋を確認したところ、幸いにも深刻な空気漏れの形跡は認められなかった。このため、わたしたちは作業を続行した。ただし、巨大ボルトの固定完了後にそれぞれ別の場所に移動してミッションに当たる予定を変更し、万が一の空気漏れに対応できるよう時間に余裕を持たせるため、現在進行中のミッションに専念するよう地上から指示がきた。わたしはいつでもケイトを救出に行ける距離を保ちながら、重要ミッションである新型太陽電池アレイの土台づくりを完成させると、ふたりでエアロックに無事戻ることができたのである。

わたしは、この〝事件〟を思い起こしながら、あらためて胸に刻んだ教訓がある。

“Be《ビー》 directive《ディレクティヴ》 than《ザン》 be《ビー》 descriptive《ディスクリプティヴ》”

直訳すると「表現豊かに説明を加える（descriptive）よりも、直接的な指示を出せ（directive）」という意味になる。

緊急事態のとき、対面できない相手には、直接的なメッセージでコミュニケーションをとった方がいい。「〇〇してください」とストレートに指示を出す。もし反対に、管制官が「手袋に穴が開いているなら空気が漏れる可能性がある。後ろに積んでいる酸素ボンベには限界があるから、最長7時間の想定時間は5時間ももたないかもしれない。残り時間が限られるかもしれないので急いでください」などといちいち状況を説明していたら、宇宙飛行士の命はいくつあっても足りないだろう。

もしエアロックにすぐ戻る必要があるなら、管制官の命令は“Go《ゴー》 Back《バック》”からスタートする。とにかく「戻れ」だ。そうすれば、船外活動中のわたしたちは「“Go Back”と命じられたのだから、ともかく撤退を始めよう」と判断し、動き出すことができる。必要な説明は後から加えたらいい。

似たような実例としては、ロボットアーム操縦中に緊急事態が起きたときの想定だ。重さ数トンにもおよぶ巨大な部品を運ぶロボットアームは、ひとつ操作を間違えると国際宇宙ステーションの外壁に大きな損傷を与えかねない。システムの不具合などでアームが変な動きを始めたら即座にアーム操作を停止することが重要なのだが、そのときの管制官からのコールは“All《オール》 Stop《ストップ》”。しかもそれを3回繰り返すことになっている。

宇宙と地上との交信は、時に雑音が入ったり、一部途切れたりして、しゃべっている内容が不明瞭なことはよくあるものだ。そこで小学生でも知っている単純な単語で、しかも3回も繰り返せば聞き逃しや誤解はなく伝わるはず、という配慮なのだ。

船外活動をともに成し遂げたケイト・ルービンス飛行士と。

もちろん、大前提がある。こうした事態を想定した訓練やシミュレーションをきっちりと行っておくこと、そしてキーとなる言葉の意味をみんなが共有していることだ。そうした準備なくテレワークを始めたら、収まるはずのトラブルもかえって傷口を広げてしまうことになる。

2021年3月5日、実に15年214日ぶり、4度目の船外活動だった。

〝対面〟とは全く違うテレワーク環境

テレワークを煩わせる「時差」

わたしは国際宇宙ステーション滞在中、日本のテレビ局とつないで何度も生放送番組に出演した。そのとき気になったのは「時差」だった。

こちらがしゃべり、テレビ局のスタジオの反応がこちらに返ってくるまでに5秒ぐらいのズレがある。最初のうちは「これだけズレがあると、やりとりの多いインタビューは大変だなぁ」と素朴に感じていた。

コミュニケーションをとっている最中に発生するこのズレは、普段、相手の呼吸をはかりながら話しているから、わずか数秒でもすごいジレンマになる。

もし目の前で相手と対面していれば、答えに数秒の間が空いても、相手の表情や仕草から次にどんなアプローチをこちらにしようとしているのか、なんとなく分かるものだ。

それが、ディスプレイを介したやりとりになると、相手の様子が十分うかがえず、不安になる。国際宇宙ステーションの場合、中継の途中でノイズが入って画面が煩わしくなり、応答のズレも加わって、ストレスを増幅させてしまうこともある。

ただ慣れてくると、その時差の間を使って、自分の話を組み立てることができることにほどなくわたしは気付いた。わたしの方からまず言いたいことを一気に話す。相手の反応が返ってくる5秒ほどの間、相手の反応を予想しながら「次に何を話そうか」と頭の中で考えをめぐらせる。そういうズレを前提にした新たなコミュニケーションの形。まさにいま、地上で行われているテレワークの置かれた環境に通じてはいないだろうか。

目の前30㎝の相手と対面で話すのと、パソコンの画面越しに話すテレワークとでは、話し方のエチケットや交渉術は当然変わってくると思う。その極端な例が、地球と宇宙の交信なのだろう。

元 NASA 宇宙飛行士とのテレビ会議。

「言わなくても分かる」は通用しない

「ノンバーバル・コミュニケーション」(non-verbal communication) という言葉をご存じだろうか。言語以外の方法を通じて意思疎通を図るという意味。それは例えば、人の表情だったり、声の調子だったり、あるいは香りだったり。対面の世界では、人間の五感を通して得られるこうした情報をキャッチしながらコミュニケーションをとっている。至極当たり前のやりとりだろう。

しかも日本には「言わなくても分かるよね」という文化がある。職場で机を並べ、「同じ釜の飯を食う」という仲なら、「今さら聞かなくても分かるよね」という雰囲気になる。いちいち言葉に出さなくても、「場の雰囲気」を醸成するという独特のコミュニケーション・スタイルがここにある。

年配の方なら「飲みニケーション」を何よりのモットーにする向きも多い。会議の場できっちり議論するよりも、飲みながらゆるく伝えていくという文化。こうしたコミュニケーション環境が有効だった時代、日本型の社会や会社の運営はうまくいったんだろうと思う。

しかし、このコロナ禍、そもそも机を並べたことがなく、顔すら合わせていないという職場環境が出現した。新入社員に至っては入社式すら行われず、出社したことがないという人も続出したのだ。こうした人たちに、「言わなくても分かるだろ」という方便が通用するはずがない。「飲めば分かる」というツールも使えない。

それが証拠に、ノンバーバル・コミュニケーションを含む対面での会話を録音し、文字に起こしてみたらどうだろう。視覚で捉えていた相手の仕草や、嗅覚で感じた香りは言葉の世界からそぎ落とされ、言語化された情報として相手に伝わらない。これがテレワークの持つコミュニケーション環境の実態ではないか。対面環境にないと、いわゆる五感情報で補うことがかなわないから、発した言葉だけで勝負することになる。

テレワークで部下を叱ったときを想定してみたらいい。目の前30㎝に部下を呼び出したときと同じ気持ちでディスプレイ越しに叱ってみる。果たして相手に意図は伝わるだろうか。まるで、テレビドラマの俳優がカメラに向かって怒鳴っているシーンを視聴しているときのように、相手は冷めた目でこちらを見ているかもしれない。

指示する言葉は明確かつ簡潔に

政治家たちが失言し、後になって「あれは違う意味で言ったんだ」と釈明をする場面を見聞きすることがある。そうやって逃げを打つことができるのは、そもそもあいまいな言葉で意思を伝えているからなのだろう。明確な言葉で正確な表現を使っていたら、逃げようがない。言葉で情報を伝えるしかないテレワーク時代、そういう逃げ方はできなくなる。

日本のビジネス社会に目を転じると、「温度差」という言葉を耳にすることがある。例えば「東京と地方では温度差があるなぁ」とか「本社と支社との温度差が問題なんだよ」といったフレーズを日常的に使う。要するに「あいつらは分かっていない」という思いを比喩的に表現しているわけだが、良好なコミュニケーションをとりたいのに、「温度差」などとあいまいにされては対処のしようがない。

このように日本のコミュニケーションは、あいまいな言葉を使って済ませることがよくある。では、そうしたやりとりが通じないテレワークの場合、足りないところをどう埋めていけばよいのか。言葉を使うしかない以上、誰が聞いても同じように理解できるように意味合いのハッキリした言葉で伝えることだろう。ノンバーバル・コミュニケーションが効かない以上、伝える側と受け取る側との間で、別の解釈の余地のない、明確にして簡潔な言葉を使うこと。それに尽きる。

もし、言葉のやりとりを重ねているうちに、理解できない場面にぶつかったらどうしよう。そうしたら、「いまおっしゃった意味はなんですか？」と聞き返す。これが一番。そしてこれが、テレワーク時代には欠かせない慣習になるはずだ。

大事なのは、五感を使って情報を伝えるノンバーバル・コミュニケーションはディスプレイ越しでは成立しない、とお互いが了解しておくことだ。相手の言うことを聞き返すのは、日本社会では「失礼」に当たることも多いだろう。言葉を選ばないと、少し冷たいイメージも与える。それでも何度も聞き返し、互いの言葉の意味合いを確認する手続きを習慣化しないと、五感情報を欠いている以上、せっかくのコミュニケーションが誤解に誤解を重ねる結果を招きかねない。

ただし、相手に問い返しながら会話を進めてばかりいると、ギスギスした人間関係になってしまう。そこで、そうならないためのスキルを考える必要がある。

日本人が苦手な〝アイスブレイキング〟

「アイスブレイキング」という言葉をご存じだろうか。“Ice Breaking”、直訳すると「氷を解かす」。実際には、初対面の人同士が緊張を解きほぐすときに使う手法を指している。会議を和ませるコミュニケーション・メソッドとして、国内外で取り上げられる〝はやり言葉〟といっていいだろう。

日本人は、これがなかなかうまくできない。きまじめな国民性だからだろう。あえてこの手法を身近に例えるなら、お笑いの掛け合い漫才で見かける最初の「つかみ」。パッとステージに出てきて、ほんのひと言でワッと客席を沸かせてこちらに注目を集め、それから肝心の本題に入る。これが、日本でいうアイスブレイキングなのかもしれない。

言いたいことを伝えることも大事だけれども、伝える雰囲気づくりも大事だということだ。クルードラゴンの打ち上げ前のことになるが、ＮＡＳＡがクルー４人同士の紹介ビデオを作成してくれた。そのなかで「一番ファニー（面白い）なクルーは誰？」と質問し、ほかの３人が口をそろえて「聡一が面白い」と吹き出すシーンがある。

自分で言うのもおこがましいが、「ひと言で笑わせる力」を評価してもらえたんだと思う。ただし、これは表現力とか人間力とはまた違った頭の回路を使うもの。まさに、お笑いのセンスに近い。最初の「つかみ」のひと言で笑わせる力。

　では、アイスブレイキングを使えるようにするには、どうしたらいいのだろう。お笑いはわたしの専門外ではあるが、あえて言うなら、相手の言葉に対し、こちらから返せる言葉の引き出しを三つは用意しておきたい。そのどれを繰り出せば場の雰囲気を転換できるか、瞬時に判断することになる。それができれば、アイスブレイキングになるだろう。

　ただし、相手の言葉に三つも引き出しを用意し、瞬時に選ぶとなると、やはり心の余裕とボキャブラリーの豊富さは必須条件となる。

労務管理

国際宇宙ステーションの1日

国際宇宙ステーションの1日を紹介しよう。

平日の国際宇宙ステーションは、午前6時の起床から始まる。60分間の朝食と30分間の身支度を済ませると、7時半には地上と当日の作業確認、いわゆるモーニングＤＰＣ(Daily Planning Conference)に入る。これが15分程度で終わると、いよいよ業務時間がスタートする。科学実験をはじめ、さまざまなミッションが目白押しの時間帯だ。

実際、実験の数は増える一方だ。わたしの1回目のスペースシャトル・ディスカバリー号の飛行時(２００５年)には、わたしが担当する科学実験は五つほどだった。

ところが、今回は実に50件を数えている。テーマは物理学から医学・生物学まで、自分の専門領域をはるかに超えるものばかり。認知症に関わる遺伝因子の解明のために無重力空間での実験を行うというようなものもある。

科学実験が立て込むため、こうした平日の昼間はどうしても分刻みのスケジュールになる。計画的に仕事を進めないとトイレに行く間もないほどだ。途中、無重力による筋力の衰えを防ぐためのエクササイズも150分入る。

仕事を終えるのは、およそ午後6時。地上との締めのイブニングDPCが終わると、楽しい夕食の団らんが待っている。以後、フリータイムが続き、だいたい午後10時くらいには就寝。8時間くらいの睡眠は確保するよう心がけている。

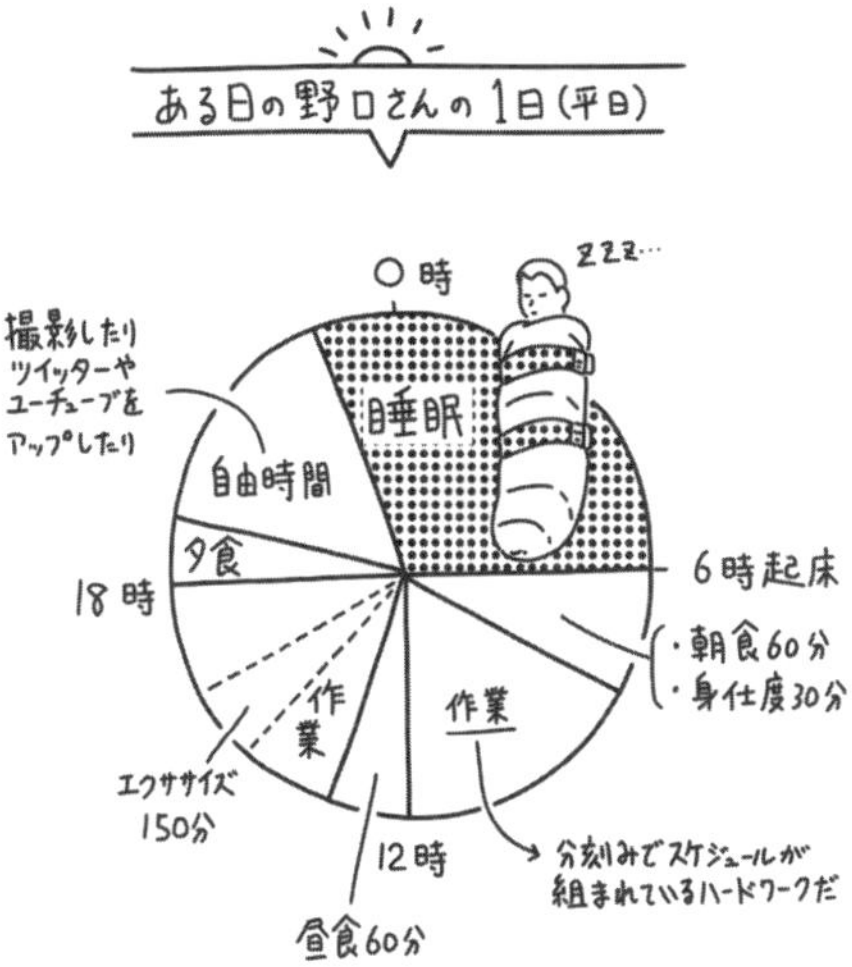

週末の土曜日は、午前中を〝ボランタリータイム〟に当てる。宇宙飛行士の自由意思によるボランティアという触れ込みだが、実際には、やり残した実験などに当てるケースがままある。土曜日の午後はフリータイムだが、船内の清掃作業とエクササイズに費やすのが一般的。日曜日と祝日は、特段の業務が入らない限り、休日となる。

作業プランは「6カ月→2週間→毎日」の順で作成

以上が、国際宇宙ステーションでの公式上のタイムラインである。このラインに上がる具体的な業務内容は、およそ次のような手順で決められている。

ミッションのスケジュールを決めるプランナーが、まず6カ月間の作業スケジュールを決める。この6カ月プランを基に、次は2週間プラン。進《しん》捗《ちょく》状況によって毎週見直しが入るが、ここまでは、わたしたちクルーは口出ししない。

その次が、毎日のスケジュール。起床時間から就寝時間までびっしりと決められたものがだいたい1週間前に伝えられる。それを見ると、まさに文字通り、分刻みの業務がズラリと並び、目が回るような忙しさだと実感する。

ただ、想定通りにはいかないものだ。1時間の作業のはずが2時間かかったり、あるいは30分のところが5分で終わったりする。そこで、午前と午後の作業を午前中にまとめてこなしてしまう自己裁量がクルーに認められている。そうすることで、空いた時間に教育プログラムのビデオづくりをしたり、壊れた機械の修理をしたりすることができる。

現在、国際宇宙ステーションの船内映像はＮＡＳＡのウェブチャンネルでそのまま見ることができるし、ＪＡＸＡが同様に中継することもある。就業時間、つまり「モーニングＤＰＣとイブニングＤＰＣの間」は、いつ船内映像が地上で見られてもいいという習わしが周知されている。ちょっと言い方は悪いが、まるで刑務所の囚人のように、カメラで〝監視状態〟にさらされているわけだ。

ただしこの〝監視カメラ〟、それ自体悪いことじゃない。それぞれの作業がどのように進んでいるかを管制官に正確に把握してもらうことは大事だし、実験トラブルがあると、地上の管制官が「何か問題が起きてる？」と気付いて声がけしてくれることだってある。

この〝監視カメラ〟に加えて、わたしたちはひとつの作業が始まるときと終わるときにパソコン上で記録をしている。これは地上で行う「打刻」と似ている。その点からみても、わたしたち宇宙飛行士は地上からテレワーカーとして日夜チェックを受けていることになる。

JAXAの筑波宇宙センターから実験を見守るスタッフ。

メリハリを付ける

業務に就く「クルータイム」と個人で自由に使える「フリータイム」の切り替えは、実は言うほどたやすくはない。国際宇宙ステーションは、究極の「職住接近」。朝起きたらそこはもう職場だ。週末の休日だって、目の前で実験装置が回っている。ついつい〝ながら仕事〟ということにもなりかねない。

特に、新人飛行士ほど要領が分からず、メリハリを付けるのが大変で、つい過労になりがちになる。実際、日々のスケジュールが詰まっているので、夜間に1〜2時間くらいの〝残業〟時間を使って、翌日の作業に必要な道具や予備の部品を集めておいたり、手順書の内容を勉強したりすることがままあるものだ。

これは実に深刻な問題で、テレワークをしている働きすぎの会社員と共通する現象が実際に起きている。

スペースシャトルの時代だと宇宙滞在は2週間だった。だから、24時間働くことができた。2週間しかないと思うと、宇宙飛行士も成果を上げたいと張り切るからだ。トラブルが起きたら徹夜で作業し、翌日「問題なく再開しました」と地上に報告するのが勲章みたいになっていた。まさに寝食を削って仕事をしてしまう。せっかく宇宙飛行に出たのに「窓の外を見る暇はなかった」と誇らしげに語る飛行士もぞろぞろいた。それくらい、クルータイムとフリータイムの区別はできていなかった。

しかし、国際宇宙ステーションに長期滞在するようになってもそんなペースで働いていたら、滞在期間の6カ月はもたない。「燃え尽き症候群」みたいになってしまうだろう。

ちょうど国際宇宙ステーションができて10年目にさしかかった時期だったと記憶する。わたしの2回目のフライトのころ、ようやく宇宙飛行士の〝働き方改革〟が始まり、ひとつひとつの作業時間の見積もり精度を上げて残業時間を減らそうという試みが始まった。一日の労働時間は8・5時間と決まっているのだが、作業時間の見積もりが甘いといつまでたっても仕事が終わらないという例が多発していたのだ。

そこで、作業の開始と終了を明確に地上に報告することで見積もり時間の精度を上げるとともに、終業時刻がきたら、もう仕事はやめようという動きが出始めるようになった。もしトラブルが起きても、翌日に回せるのであれば、イブニングDPCで打ち切る。地上もそれ以上深追いしない。後の措置は地上で夜間に考えてもらい、翌朝、解決策や修正プランを提示してもらった上で国際宇宙ステーションの作業を再開する。

まあ、そうはいっても終業時間を超えてがんばらないといけないときもある。一番分かりやすいのは、無人貨物船が来たときの対応だろう。地上から新しい実験機器や生活物資を運んでくれる貨物船が国際宇宙ステーションにドッキングすると、何トンもの荷物をどんどん積み下ろし、同時並行で地上に戻す物品を貨物船の空いたスペースに積み込んでいく。場合によっては2機の貨物船が相次いでやってくることもあるし、そもそも国際宇宙ステーションにドッキングできる期間には限界がある。

そうなると、通常業務の傍ら、最初の1週間くらいはがんばって荷下ろしをしないと荷物の入れ替えが間に合わない。必死になって徹夜に近い状態で荷下ろしをする。思い返すと、わたしのミッションでも、貨物船がドッキングしている期間はみんなけっこう疲弊していたなぁ、とあらためて思う。

わたしの見る限り、ロシア人やヨーロッパ人は夕方6時がやってくるとサッサと終わる。労働時間と自分の時間の切り替えが上手なんだなと思う。一方、日本人やアメリカ人はそうはならない。まさにワーカホリック。放っておくと、何時までも仕事をしてしまう。

貨物船内での作業。荷物がいっぱい。©NASA

微妙な残業リスト「タスクリスト」

労務管理上、毎日の作業スケジュールには残業がないことになっているが、実は、クルーが自主的に仕事を行うという趣旨で作成された「タスクリスト」なるものがあり、これがくせ者だ。

有り体にいえば、「作業スケジュールにはないけれど、やってほしい」という地上からの要望が詰まったもの。急いでやらなくてもいい。でも、地上としては、やってくれると助かる……そんな矛盾と巧みな思惑をはらんだ作業リストなのだ。

〝働き方改革〟のおかげで作業時間を余裕を持って設定するようになった結果、規定よりも早く予定業務を終える日が出てくるようになった。そこで、空いた時間に自己裁量で仕事をこなしてもらおうという趣旨から「タスクリスト」が誕生した。

例えば、物品の整理をしたり、船外活動で使うツールに異常がないかを確認したりするような作業は、管制センターのサポートがなくても宇宙飛行士が単独でできる。そういう単純作業が「タスクリスト」に盛り込まれることが多い。なるほど、経緯からして、〝働き方改革〟の副産物といえなくもない。

予定された業務が早く終わって時間が余ったときは、「残り時間はタスクリストにある業務をこなしてください」という指示がくる。時間がなければ無理にやる必要はないはずなのだが、消化できていないタスクリストの作業が多いと、きまじめなクルーはオーバーワークになりがちだ。

新人の宇宙飛行士などはついがんばってタスクリストの消化に努めてしまい、場合によっては週末のフリータイムも使って仕事をしてしまう。数週間の短期宇宙ミッションなら何とかなるが、半年から1年もの長期滞在者にそれを課したらおかしくなってしまう。

メリハリを付け、「今日、ぼくは仕事をしない」と決めないと、ワーク・ライフ・バランスの観点からもよくないことが起きてしまいかねない。往年のテレビCMに「24時間戦えますか！」というのがあったが、いまは「8・5時間しか戦いません！」というのが、メンタルヘルスを保つ上では正しいスタイルなのかなと思う。

テレワークに欠かせない「指示」「承認」「責任」

伝説のキーワード「ホウレンソウ」に代わるもの

いまも日本社会では、「ホウレンソウ」という言葉が職場のキーワードになっているのではないだろうか。上司と部下の間における「報告」「連絡」「相談」の頭文字をとった伝説のビジネス用語だ。ただ、「ホウレンソウ」というのは、上司から見て部下をいかに把握するかという手段を表現しているにすぎない。現代のビジネスシーンでは、「目的に向かって明確な指示をくれ」「現場の考えを承認してくれ」「仕事の成果物を納めたら、後は上司が責任をとってくれ」の三つが問われていると思う。

すなわち、「指示」「承認」「責任」の三つ。わたしたち宇宙飛行士にとって、上司に当たる地上スタッフがこの新しいキーワードをかなえてくれると何事もやりやすい。その点、わたしの所属するＪＡＸＡの地上管制官たちは、宇宙飛行士の言い分に耳を傾け、機敏に対応してくれる素晴らしい上司だと思っている。

三つの新しいキーワードをテレワークに当てはめるなら、最初の「指示」は仕事の成果物をいつ納めたらいいのか、納期を明確に指示するということになるだろう。宇宙飛行士のミッションでいうと、「この実験は2時間以内に終わらせろ」という作業スケジュールに基づいた指示だ。そして最後の「責任」とは、実際の納品を終えたら、後のことは上司が責任を持って引き取るということにほかならない。

ポイントは、真ん中の「承認」である。部下が選んだ方法を「承認」するということだが、これについては、持論がある。おかしな話に聞こえるかもしれないが、部下に「承認」を与える前の「指示」の段階でできるだけ明確に意図を伝えることで、部下の裁量範囲をできるだけ狭くすることが大事だと思う。

上司の指示があいまいだと、部下はいかようにも解釈できてプロセスが定まらない。そうなると実際に作業を行う現場でエラーが多発してしまう。「指示」段階で、具体的な目的とメソッド、そして納期を明示しておけば、ある一定のプロセスを踏むしか手はない。現場が手前勝手な裁量で仕事を行う余地は少なくなるはずだ。

上司が部下を自由にさせているようで――例えば「やり方は任せる」といったフレーズを使って――本当は、きわめて明確なゴールとプロセスをがっちり指示することで縛りをかけているわけで、これがある意味、正しい承認だといえるのではないか。

宇宙飛行士の手順書はまさにそこまで突き詰めて書かれてあるから、指示に従えば、同じ結果が出るはずだ。指示を守らなかった末の失敗は部下の責任だが、指示通りにやった末のミスならば、それは上司の責任なのである。

テレワークのカギを握る「手順書」

手順書くらい、宇宙のテレワーカーにとって欠かせないものはない。科学実験、船外活動、ロボットアーム、機器のメンテナンスはいうにおよばず、メディアと組んで行う広報活動や、トイレの使い方にまで手順書はある。

宇宙飛行士の日常は、まさに手順書によってきっちりと決められている。手順書とは、宇宙飛行士と地上が交わした「契約書」といえるのかもしれない。

国際宇宙ステーションの滞在中、多くの時間が割かれている科学実験。その成否は、まさに手順書の質にかかっているといってよい。書かれている文章と図面を見て、地上の実験と同じことができる。この当たり前のことがなかなか難しい。作成者の指示が明確であることは、テレワークにおいて、極めて重要だと思う。

ここで念を押しておきたいことがある。国際宇宙ステーションで行う科学実験は、わたしたち宇宙飛行士が発案したり希望したりしたものではないという点。地上の大学や企業の研究者たちが、次代の技術開発を行うために宇宙の無重力空間で実験することが不可欠と考えて提案し、採用されたものばかりだ。実際の実験を担当する宇宙飛行士は、手順書通りに実験を行い、結果を報告して研究の一端を担う〝オペレーター〟役。だから、わたし自身の興味本位で実験を選べるわけではない。

手順書は、文章と図面で構成されるほか、複雑な手順になると動画も埋め込んでつくってある。これはありがたい。作成者の指示が明確で、研究者の想定する動きをわたしたちが100％正確に再現できる。これが肝要だ。

手順書をつくるのは専門の技術者だが、文書作成にたけたインストラクターが担うケースが多い。研究テーマを発案した研究者のアイデアを理解した上で、「宇宙飛行士がこの文章を読んだらこんな動きをするはずだ」と分かった上で書く必要があるからだ。

テレワークである以上、隣に立って指示することはできない。伝えたいことを丁寧に全て文章に落とし込むこと。だから、手順書づくりには極めて優れた技量が要求される。誰が読んでも同じ手順以外にやりようがないというくらい、端的かつ明確に書かないといけない。例えば「パッケージの上部右端をつかんで5㎝切り、そこから必要な溶液を50㎖入れろ」というように明示的に書くことが大切だ。

インストラクターが手順書を仕上げても、次なる関門がある。ほとんどの場合、担当以外の宇宙飛行士が「手順検証」を行う。予備知識なしで手順書を読むわけだ。時には、読み進めていくうちに「別の手順でやってしまう可能性があるんじゃないか」と指摘することもある。読み方によっては複数の解釈ができるようなケースでは、追加の指示を加えることで誤解がないように配慮されている。

手順書は「契約書」であるとともに、研究者やインストラクター、時には仲間の宇宙飛行士からの「贈り物」でもある。みんな、宇宙飛行士がミスをせず最高の成果を上げられるよう、さまざまな観点で言葉を練り上げ、削り込んでくれているのが伝わってくる。だからわたしたちも敬意を払って手順書に向き合うわけだ。

第2章　こちら、国際宇宙ステーション！

SpaceX Crew-1

Shannon Walker　Victor J. Glover (IKE)　Michael S. Hopkins (HOPPER)　Soichi Noguchi

©NASA

国際宇宙ステーションの仲間たち

宇宙に飛び出した多様なクルーたち

クルードラゴンが宇宙に運んだ乗組員4人は、多様性に富んだメンバーで構成された。軍のパイロット、女性、黒人、そして日本人のわたし。軍民を問わず、性別を問わず、国籍も人種も問わない人材起用に、われながら「お見事！」と膝を叩いたほどだ。

なるほど、チームとして完成度を上げるには、できるだけメンバーの〝均一性〟をとりたいという考え方もある。しかし、多様性があるからこそ、打たれ強く、壊れにくい。この多様性を尊ぶダイバーシティーの発想こそが、宇宙滞在という困難な状況を乗り越えるレジリエンス（強じん性）につながったとわたしは思う。

ここでクルーたちの素顔をみていこう。

コマンダー（司令官）は、マイケル・ホプキンス（ＮＡＳＡ）。アメリカ空軍出身のベテランパイロットで、２度目の長期滞在だった。あだ名は「ホッパー」。イリノイ大学で航空宇宙工学を学び、わたしと同じくアメリカンフットボールに明け暮れた。ふたりでアメフトの話を始めたら、もう止まらない間柄だ。

大学生の息子がふたりいる。なぜか親と同じアメフトの道には進まず、ふたりともアイスホッケー選手として活躍中。マイケルはそんな息子の試合が気になって仕方がない。国際宇宙ステーションにいる間、息子の出場する試合のユーチューブを地上から送ってもらい、楽しそうに観戦していたものだ。

女性のシャノン・ウォーカー（ＮＡＳＡ）は、ライス大学で宇宙物理学の博士号を取得後、ＮＡＳＡに勤務。彼女も今回が宇宙滞在２度目になった。わたしと同い年。ロシアでの訓練経験もあり、わたしとほぼ同じ経歴をたどっていて、共通点も多い。何より彼女の夫は、わたしの初飛行（２００５年）のときにスペースシャトルに同乗したアンディ・トーマス宇宙飛行士というめぐり合わせで、気心の知れた仲だった。

ビクター・グローバー（ＮＡＳＡ）はアフリカ系アメリカ人。国際宇宙ステーションに長期滞在する初の黒人となった。アメリカ海軍のパイロット出身で、在日米軍基地の勤務

出発直前、家族やスタッフたちに手を振るクルー４人。©NASA

経験もある大の日本ファン。後で触れるが、日本食に一家言ある食のスペシャリストでもある。あだ名は〝ＩＫＥ《アイク》〟。なんでも〝I《アイ》 Know《ノウ》 Everything《エヴリシング》〟（ぼくは何でも知っている）の略語らしい。ちょっと偉そうなニックネームだが、決して自信家ではなく、極めて控えめ。自分の担当業務に対する責任感は人一倍強いクルーだ。

そしてわたし、野口聡一（ＪＡＸＡ）は三つの異なる宇宙船（スペースシャトル、ソユーズ、クルードラゴン）に搭乗した経験を生かし、ほかのクルーの気付かない視点からアドバイスを送ってチーム全体を支えた。

宇宙飛行士の世界は、候補生になった年次が早いほど経験者としてリスペクトされる傾向がある。わたしはクルーの中で一番早い「１９９６年組」で、みんなから〝ＭＡＳＴＥＲ《マスター》〟と呼ばれた。酒場のマスターではない。「師匠」という意味だ。

４人がそれぞれ違ったバックグラウンド、違った性格を持っていることは、まさにダイバーシティー（多様性）とインクルージョン（相互受容）に基づくレジリエンス（強じん性）をわたしたちのチームに与えてくれたと思う。クルードラゴンという、まだ歴史の浅い宇宙船に挑戦する過程でさまざまな技術課題が浮き彫りになったが、そのたびに４人で集まってはホワイトボードを前に解決案を話し合ったり手順書を片手にお互いの動きをチェックし合ったりした。

違う視点があるからこそ新しい気付きがあり、改良のきっかけが生まれる。そこには、ほかのメンバーへの揺るぎない信頼と尊敬があり、個々の能力と意見の違いを超えたところにチームとしての団結が生まれるという共通認識があったと思う。

アラームの鳴り響く船内で

クルードラゴンの4人組は、わたしたちより約1カ月前に到着していたロシア・ソユーズのクルー3人と合流し、国際宇宙ステーションの歴史上最多となる7人で共同生活を送った。多国籍のクルー構成となれば、どうしても言葉の問題が生じる。オペレーション時や日常の会話には英語を共通語として使うけれども、いざというとき、コミュニケーションの難しさが露見してしまう。

船内に緊急事態を知らせるアラームが鳴ったときだった。

「どうしてアラームが鳴ったんだ」。

発生事案の把握のために、みんな必死になっていた。英語を母語としているアメリカ人クルーは、知っている情報をいち早く伝えたくて、まくし立てるように一気に話し出す。外へ容易に逃げ出せない宇宙空間。緊迫度はピークに達していた。

報告を聞いていたロシア人クルーは、もう言葉に付いていけない。「ちょっと待って。分かるようにゆっくりしゃべってくれ！」と制止が入る。そんなやりとりが、ステーション滞在中に幾度も起きていた。

たいていのアラームは誤作動で済んだ。例えば、火災報知器からのアラームは、センサーが空気中に漂うホコリを感知してしまったようなケースだ。そのようなケースでは誤検知したセンサーを再起動して一件落着となる。しかし、クルーの間には、コミュニケーションのわずかなズレが、少しずつわだかまりとなって残ってしまいかねなかった。

そうなる前に、わたしたち7人は集まり、「緊迫したときこそ、ゆっくり話そう」と申し合わせた。急いで多くのことを伝えるよりも、少しずつでいいから確実に分かってもらうことが何より大事なのだ。大切なことは、7人がひとつのチームとして動けることだから。

もうひとつ、言葉の壁をつくらないよう腐心したことがある。アメリカ人クルーがわたしに語った言葉がある。

「多数派（アメリカ人）がひとつに固まり、グループをつくってしまうようではダメだ。少数派（ロシア人や日本人）が窮屈な思いをしてしまう。そうならないよう、多数派はいつも少数派の意見を聞かないといけない」

共同生活を営むには、マイノリティーを尊重し、包摂してこそ安定がもたらされる。わたしはこのアメリカ人クルーの言葉に深くうなずいた。

同様に、「軍人チームvs民間チーム」とか「スペースXチームvsソユーズチーム」のようなものができて、〝派閥〟をつくらないとも限らない。そうならないよう心を砕き、わたしたち7人はワンチームで事に当たっていった。

連帯する７人

火災報知器が鳴った。クルーはそれぞれ国際宇宙ステーションに分散するモジュールに展開中。各員は急いで備え付けのガスマスクを装着し、消火器を手に抱えると、あらかじめ決めてあった安否確認場所に向かう。

まずは、スペースＸのクルー４人とソユーズの３人がそれぞれ集まり、安否確認。事態を分析し、乗ってきた宇宙船で地球に戻るか、とどまって危険を排除するのか、それをコマンダーが決断する。国際宇宙ステーションにとどまって危険を除くと決すれば、そこから７人全員が結集し、消火作業に当たる――。

これは、国際宇宙ステーションで行われる緊急対処訓練のひとコマである。

センサーの誤作動ではなく、実際の緊急事態の知らせを受けて対処した事例もある。火災ではなく、このところよくあるのは、空気漏れだった。

なかでも、ロシアモジュールは外壁の金属が20年以上にわたる経年劣化によってクラックと呼ばれる割れ目を生じ、空気漏れを起こしがちだった。そのたびにクルーが出動し、空気漏れを塞ぐ作業に当たっていた。

ひとつ言えることがある。わたしたち7人は宇宙滞在の中で、同じ目標に向かっている。「全員で生き抜く」という揺るぎない目標だ。

半分だけ生き残り、半分助かることはない。もしも空気漏れや火災、毒ガスが発生したら、この宇宙空間の中、全員が助からなければひとりも助からない。その意識をわたしたちは共有できていた。

緊急事態への対応は、そんな困難を乗り越える連帯感を強めた。共通のベクトルを持っている限り、わたしたち7人は強じんになれたのだ。

国際宇宙ステーションのリーダーとは

今回の国際宇宙ステーションの船長、ロシア人宇宙飛行士のセルゲイ・リジコフは、10年前に出会ったときの「オレが船長だ」みたいな、ある種のパワフルさが影を潜めていた。

普段から「今日なにやってるの？」とクルーの様子を気遣い、緊急事態訓練のときも全員の意識がちゃんと合うよう細かい配慮をしていた。セルゲイは、すっかり気配りの人になっていた。

　多彩なメンバーを引っ張っていくチームリーダーには、いろいろなスタイルがあるとわたしは思っている。リーダーであることを絶えず示し、その指示に正確に従ってくれるように命令をするタイプ。それとは逆に、メンバーがその場で感じていることを吸い上げながら、最大公約数の解を探る協調型のリーダー。あるいは、普段はリーダーシップをむしろ強調せず、何かあったときにのみ「責任は自分にある」と明示するタイプもある。

　最近の国際宇宙ステーションの船長を見ていると、協調型のリーダーが求められるようになった。クルーたちをまとめる「中間管理職」といった色彩が強く、話を聞く役目が重要になっている。国際宇宙ステーションはもはや強烈なリーダーシップを必要とせず、多くの仲間たちの力を引き出せる協調社会へと進化しているように思う。

　そこで思い出すのが、わたしが２００５年の初飛行のとき、スペースシャトル・ディスカバリー号の女性船長アイリーン・コリンズから聞いた言葉だ。

「リーダーの役割は、全員を満足させることではない。全員の不満の間にばらつきがない

ようにすることだ」

チーム内のメンバーの不満には常にばらつきがあるものだが、あるクルーは90％満足しているのに、別のクルーは30％しか満足していないというのでは、うまくいかない。みんなが上手に折り合い、不満はあっても同程度にハッピーな状態。いわば、全員に不満が〝等分配〟されている状態がいいというわけだ。

例えば、国際宇宙ステーションの船外活動は宇宙の花形ミッションで、任務を与えられた飛行士はハッピーだろう。しかしそうではない人でも、ドッキングのメイン担当になってもらったり、ロボットアームの操縦を任せたりして、目立つ位置に立ってもらう。上手に役割をアレンジすれば、不満も等分配できる。

宇宙飛行士ひとりひとりがレベルの高い適応能力を備えている人材ばかりなのだから、その気になれば誰もがリーダーになれそうなものだが、実際は違う。いかにチームが所期の目標を達成できるか、そのために必要な役割を各自に割り振る力がリーダーに求められている。

ただし、このような差配を可能にするには、メンバーそれぞれの抱えている小さな不満から目を離さないこと。リーダーにはそのための資質が欠かせない。

日本実験棟「きぼう」にて第 64 次長期滞在クルーの 7 人。

仲間との「距離」

「縮める距離」と「保つ距離」

国際宇宙ステーションという閉鎖空間に総勢７人のクルーが合流して暮らす以上、だれとだれが顔を合わせても、ストレスのない状態にもっていくことが当面の課題になる。人と人との距離を縮め、打ち解けたものにするための秘けつ。それは、意外にも「運動」と「食事」にある。

運動は、無重力下で筋力を落とさないよう毎日１５０分の時間を割くルーティンになっている。実は、運動中のクルーは、地上の管制官やほかの仲間のコールに一切応えなくてよい決まりがある。運動は強制ではなく、宇宙飛行士に与えられた権利だからである。

わたしは地上に帰還してから、よく「１５０分も運動するなんて大変ですね」という声を聞いたが、それはむしろ誤解。リラックスと気分転換に持ってこいの時間だったからだ。

各国の実験モジュールや居住モジュールの間を結ぶ通路部分にトレーニングコーナーがあり、折りたたみ式の高機能筋トレマシーンやジョギングマシーン、エルゴメーター(自転車をこぐ運動器具)がそろう。

運動器具を使うときはひとりになるが、運動を交代する際の着替えの時間、あるいは休憩をとっているとき、その場にいるクルーと何気ないコミュニケーションができる。人が行き交う要所だけに、作業中のクルーとすれ違ったりすることも頻繁にある。これがささやかなあいさつの言葉を交わす絶好のタイミングになる。

ジョギングマシーンの横を飛行士が通りすぎる風景は日常茶飯事だ。(ユーチューブより)

ジム通いの方なら経験があるだろう。運動してリラックスしてくると、見知らぬ人と何度もジムの中で会っているうちに、なんとなく話しかけてみたくなるときがある。もし意気投合すれば、〝運動後の一杯〟なんていう展開になるかもしれない。仕事を離れ、気分が開放的になるからだろう。このタイミングを使わない手はない。

そして、食事の時間。1日3度の食事のなかでも、仕事の後の夕食は、クルーが一堂に会する〝一家団らん〟のひとときになる。仕事の愚痴から家族のこと、将来の夢まで話題は尽きない。食べていると、人は無防備になるものだ。プライベートにわたる話をストレスなく話せる格好の時間になっている。

　とくに毎週金曜日の夜は格別だ。食事からの流れで、みんな一緒のムービーナイトと決まっていた。宇宙関連の映画もあれば、ヒーローものやコメディまでジャンルを問わず観たものだ。翌日の土曜日は寝坊できるという事情もあって、みんなで映画を観ながら大いにおしゃべりをするのが、とても貴重なコミュニケーションのひとときになったと思う。

星出彰彦飛行士らクルードラゴン（Crew-2）のメンバーが加わり、11人での楽しい食事。

　ムービーナイトでもうひとつ忘れられないのがお菓子。アメリカ人はとにかく飲み食いしながらわいわい映画を観るのが好きだ。わたしも毎週欠かさず日本のチョコレート菓子を持ってきてみんなに振る舞った。おかげでミッションが終わるころにはみんな「ポッキー」好きになっていた。

　大人になると、仕事の立場が邪魔をして個人的な話題は苦手になりがちだが、だからこそ物理的な距離が縮まる食事やリラックスできる時間を使えば、自分自身の心のハードルが自然と下がり、ストレスのかからない会話が楽しめるようになると思う。

ここでもうひとつ忘れてはならない点がある。相手との距離を縮めるのと同じくらい大事なこと。それは、ひとりになれる時間と場所を確保して、近すぎない距離感を意識して保つことだ。

ISSの寝室。ひとりになれる貴重なスペース。

国際宇宙ステーションの室内は、そのほとんどが共用スペースに充てられる。だからこそ、寝室用にあてがわれている個室だけは、パーソナルスペースとして確保している。他人をリスペクトして、むやみに個室のドアをノックしてはいけない。どんなに相手が社交的であっても、ひとりになりたい時間は必ずある。休みの日には寝坊して、こもりっきりになってもいい。この当たり前の事実を共有することが、共同生活の秘けつだと思う。

自分が落ち着けるポジションを探す

新しい集団に入るとき、こんなふうに考えてみるといい。「この集団のなかで自分が落ち着いていられるポジションはどこか」。周囲をよく見回して、人と人がどのようにつながっているのか、注意深く観察することがまずは大事になる。

次に、どのポジションをとるか。それはリーダーかもしれないし、フォロワーなのかもしれない。いずれのポジションにせよ、適地さえ見つかれば居心地はよくなり、集団のなかでのストレスは軽減されていく。

今回の国際宇宙ステーションでは、わたしたち４人組の前に、３人組のソユーズチームが滞在していた。まずは、この３人が形づくった「グループ・ダイナミクス」（集団力学）を見極めるところから始める。続いて、新メンバーの４人がどのポジションに入っていくべきか、順次確認作業を行うことになる。

難しく考えることはない。実は、各人のポジションを確認するイベントこそが、メンバー全員のそろう食事のひとときや、先に登場した合同の緊急対処訓練なのだ。

7人が一斉に調理をして食事をしたり、合同で訓練をしたりすれば、自ずと「この人はリーダーシップをとる人」「その人はチェック機能の人」「あの人は実際に手を動かす人」といった立ち位置が見えてくるものだ。

さりとて、周囲の観察に明け暮れて気を張ってばかりいると、長期滞在はもたないかもしれない。

そんなときは、日本の小泉純一郎元首相のおなじみの言葉「鈍感力」を思い出すといい。ざっくりと解釈すれば、「日本人は気を使いすぎるから、気疲れしてしまう。自分が思うほど周囲に見られているわけじゃないから、もう少し鈍感でいようよ」という意味になるだろうか。

他者の評価を過剰に気にして心を消耗させるなんてもったいない。そんなことよりも、人と人とのつながりのありがたさや、相手の持つ豊かな感性を敏感にキャッチできるよう、ハートを開いておきたい。そのためには、相手をいつもリスペクトできる気持ちでいることが欠かせないと思う。

異文化コミュニティーで学んだ日々

世界各国のクルーたちが集う国際宇宙ステーションは、使い慣れた母語や慣れ親しんだ文化をそれぞれに持ちながらクルーたちが共存する、いわば小さな多民族国家といえるのかもしれない。

場の雰囲気を醸し出して相手に理解してもらおうとする日本式の「分かるよね」は通用しない。その点、わたしには学生時代に学んだ実体験がある。

大学に入るまで、わたしは外国を訪れたことがなかった。大学の専門課程に進むまでの間、一緒にいるのはだいたい同じ学力を持つ均質な学生たち。高校3年で数Ⅲの微分積分をマスターしたとか、物理と化学を履修しているとか、理系の受験科目の範囲レベルで物事を理解しようとしていた。要するに、似たもの同士の集まりだった。

東京大学工学部航空学科の研究室に進んでから、徐々にわたしの世界観は変わったように思う。担当教授はイギリスへの留学経験があり、研究仲間がベルギー、トルコ、ロシア、中国から絶えずやってきた。わたしはそのなかで、外国語を使った発表や議論の波に揉まれていく。

そんな研究室生活での出来事だ。当時の大学の研究室といえば、教授や先輩研究者の論文の手伝いをしながら勉強するという〝でっち奉公〟から始まる。先輩たちの意図をいかに読み取るか。そんなところに気を配ることも必要とされた。例えは悪いが、職人気質の徒弟制度みたいなコミュニティーだったように思う。

一方、一緒に机を並べた海外の留学生や技術者はそういう場には加わらなかった。先輩研究者への忖度《そんたく》など意に介さず、淡々と自分の研究に没頭し、発表の場になるとエネルギッシュな議論に挑む。

そんな様子を見て、わたしは何かにつけて留学生に〝助言〟をするのだが、気持ちが通じない。「どうして研究室のしきたりを守ってくれないんだろう」。留学生の姿勢に歯がゆさが募ったことを覚えている。

今になって振り返ると、周囲の顔色をうかがいながら研究を行うという環境は、イノベーションが求められる世界とは異質なものなのだろう。少なくとも指示ひとつをとっても、場の雰囲気によるのではなく、明確な目的と客観的な基準に基づくアウトプット方法を、明文化された事例をもとに示すべきなのだ。

　さらに、海外でのカルチャーショックもわたしにとっていい洗礼となった。学生時代、渡米してカリフォルニア工科大学などを視察して回ったときのこと。日本と違い、ボーイングのような宇宙航空機メーカーがそろうアメリカでは、学生たちが目にする資料のレベルが格段に違っていた。学生たちは大学に入った途端に最先端の図面を見ることができる。実際に空を飛んでいる航空機の機体構造を勉強し、多様な学生たちがカンカンガクガクの議論をしている。「これじゃ、全然追いつかない」。深いため息をつくしかなかった。

　当時学んだのは、同じ航空宇宙工学を研究するにしても、受験数学のように10人が10人とも同じ解き方をしていては、課題解決にはつながらないということ。いろいろな解法があってしかるべきなのだ。何がよいかと決め打ちすることなく、それぞれの解決法のメリットとデメリットを議論することに意味があった。

　つまり、いろいろな考えをそれぞれが持っていて、同じ問題にさまざまなアプローチを試してみる。これこそ、ダイバーシティーの発想そのものではないだろうか。そこで育まれたトライ精神こそ、諸外国の人たちに尻込みすることなく、対等に渡り合える礎になる。

真実は交渉次第で変えられる

話はやや脇道にそれるが、わたしが国際社会で揉まれた一例をお話ししたい。2度目のフライトを終えた2010年以降、ウィーンやニューヨークの国際連合の会議場で仕事をしたときの経験である。

会議場にいるのは、ほとんどが弁護士出身者で、国連で議論されるさまざまな課題の解決策や条文解釈をいつまでも交渉可能だと延々と詰めてくる。そこでよく聞いたフレーズが“Truth《トゥルース》 is《イズ》 negotiable《ネゴシアブル》”。真実は交渉可能という意味になる。

これは強烈だった。意訳するならば「事実は確かにひとつかもしれない。しかし、物事の捉え方や考え方は幾通りもあり、それを主張して勝った説が〝定説〟となり〝真実〟となる」という意味合いだろうか。ここは、タフネゴシエーターたちがそういう議論を戦わせる、恐ろしいところだと思ったものだ。

日本人はすごく真面目で勤勉だから「真実はひとつ」という考えが根強い。マンガでもドラマでも、真実を知るものが最後は勝つ、みたいな雰囲気がある。モノづくりの現場では技術者が「いいモノをつくれば売れる」という考えでがんばっている。それはそれで大事な美徳であり、いいモノをつくれば報われると思うのは当然かもしれない。でもそれだけでは、国際社会では生き延びていけないと思う。

　弁護士たちの話し合いによって、真実が決まるような世界だ。実際のモノの出来不出来は脇に置かれ、言った者勝ちみたいなことになりかねない。せっかく品質の優れたモノをつくったのなら、そこにあぐらをかいていないで、どんどん売り込む交渉をしなきゃいけない。

　宇宙船のフライト訓練では、さすがに“Truth is negotiable”みたいにクロをシロと言いくるめることはしない。だが、事態を放っておくと、思わぬ方向へコンセンサスが行き着いてしまうことはある。もし事実を誤認している人がいたら、そこを論破して軌道修正をかけるパワーは持ち合わせないといけない。そんな教訓を国連体験は教えてくれた。

幼いころの「辺境感」が生きている

学生時代に遭遇した留学生との異文化体験、アメリカ視察でのカルチャーショック、国連での強烈な交渉劇……。外国人と切磋琢磨する日々を通じて、宇宙飛行とはこれまたひと味違う国際感覚を身に付けてきたように思う。

ただ、もっと自分の内側を掘り下げてみると、わたし自身のなかに、国際社会に向き合うための「辺境感」みたいなものが根付いていることに気付く。それは、小学生時代の転校体験に由来している。

家電メーカー「東芝」の技術者だった父親の転勤に伴い、テレビ工場のある兵庫県太子町に3歳から移り住んだわたしは、地元の幼稚園から小学校に上がり、地域のボーイスカウト活動にも励みながら、当たり前のように地元の中学校に進学するものと思っていた。

ところが、最終学年の小学6年に上がるとき、やはり東芝の工場がある神奈川県茅ヶ崎市へ転勤する父親に連れられ、わたしは初めての転校を経験する。

いわゆる関西文化圏から関東の華やいだ湘南文化の薫るエリアへの移住。それまでの学校の常識や地域の在り方はガラリと変わり、12歳の少年にはそれなりの衝撃だった。それはまるで、国境を越えた移民体験のようだった、と表現しても言いすぎではないように思う。

いわゆる帰国子女の持つ「辺境感」みたいなものが、わたしのなかにもある。自分はどこにも属さない人間であるという感覚。日本人だけどアメリカ人として暮らしていた子どももいれば、ロシアで育ちながらロシア人からいつも日本人とみられていた子どももいる。そういう子どもたちは、所属する社会のマージナルなところ、「辺境」とも呼ぶべき地点にたたずみ、とても苦労している。

同時に、異なる話し方、異なる論理の組み立てを身をもって体験した分だけ、強烈な国際感覚を手にすることができるかもしれない。わたし自身、子どものころの体験を通じて、マージナルな自分を感じ取りながら、言葉というものをきちんと伝えようと思うようになった。

ただ一点、断っておきたい。幼いころに接した関西文化圏の名残なのだろう。話す前に一から十まで組み立てるよりも、話の流れで少し飛んだりしながら、「オチがないと終われない」というしゃべり癖は、今も抜けていない。

日本が誇る技術――「食」と「衣」

「食事」は最高の文化交流

仲間との距離をグンと近づける絶好のイベントといえる食事は、実は、最良の文化紹介の場でもある。食事こそ文化。各国のクルーたちはお国自慢の食べ物を持ち寄ってくる。わたしも負けじと、数多くの「日本食」を地上から持ち込んだ。

後から貨物船で送られてくる果物や野菜のような生鮮食品を楽しむことはあるが、基本、長期間保存できる宇宙食がメインになる。宇宙食というのは、調理法が決まっている。フリーズドライの食品にお湯や水を注ぐか、レトルト食品や缶詰を温める。それでも宇宙食は３００種類以上にも及ぶ。

わたしが紹介した「日本食」のなかでも好評だったのは、福井県の若狭高校海洋科学科が12年をかけて研究開発した「サバ醤油味付け缶詰」（Canned Mackerel in soy sauce）。

味を感じにくい無重力下でもうまさを堪能できるよう、濃いめの醤油味に砂糖で甘みを調整して風味を出していた。生臭さも感じない。さらに食べるとき、宇宙船内に水分が飛び散らないようにくず粉を使い、煮汁に絶妙な粘度を付けてあった。

宇宙食を飽きさせないためには、バラエティーさが大事。普段ステーキばかり食べているアメリカ人でも、サバ缶のようなシーフードをバランスよく食べると、栄養面ばかりか、精神的にもいいようだ。

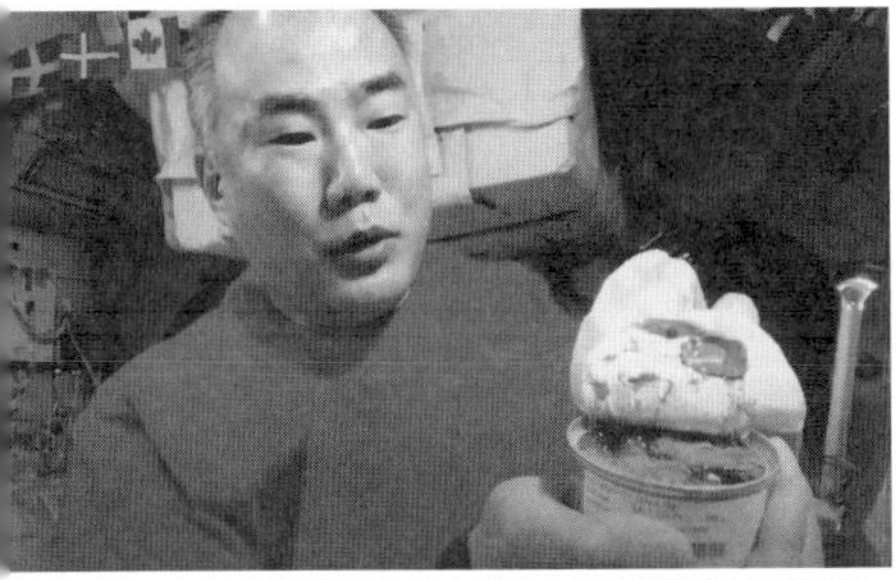

「宇宙日本食」認定の、若狭高校が開発したサバ缶。（ユーチューブより）

これは地上のみなさんにも紹介したいと思った。ユーチューブチャンネル「Ｓｏｉｃｈｉ Ｎｏｇｕｃｈｉ」の初回番組で〝食レポ〟風に紹介したところ、「缶を開けた瞬間大惨事になりそうだけれども汁気があまりない」「鯖《さば》缶食べたい」と反響を呼んだ。

若狭高校のサバ缶をはじめ、ＪＡＸＡが定める認証基準をクリアした「宇宙日本食」は47品目にのぼる。常温で1年半以上の保存が利くことや、液体や微粉が飛び散らず、容器や包装には燃えにくい素材を使うように要求される。

わたしのようなＢ級グルメ好きのおじさん世代には、「ホテイやきとり（たれ味）」（ホテイフーズ）。宇宙船内は禁酒なのが残念だが、カップ酒片手にいただきたいレジェンド食品だ。何といっても、とろみが絶妙なのだ。たれにとろみを利かせようとデンプンを多くすると味がぼやけるところを上手に味付けしてあり、白いご飯と一緒に食べたくなった。手軽な「わかめスープ」（理研ビタミン）はパックにお湯を注ぎ、ストローで吸って味わう。日本食の持つ出汁のうま味は宇宙生活に欠かせなかった。

　わたしが宇宙に行くたびにお世話になっている「レトルトビーフカレー」（ハウス食品）は、市販のレトルトビーフカレーの「中辛」をさらにスパイシーな味にアレンジしてある。これはアメリカ・ロシア両国クルーから「カレーといえば日本製だ」と大好評だった。今回も地上から大量に仕入れてきたが、多くはクルーへの贈答用に回った。

　代わりにフォアグラをもらったり、キングサーモンをもらったりする。食の文化交流の始まりである。アメリカ人はスイーツが好き。フルーツケーキやチョコレートなどを自分へのボーナスフードとして持参し、わたしにもお裾分けしてくれたものだ。

調味料の達人

クルードラゴンの仲間ビクター・グローバーは、宇宙飛行士としては新人だったが、食事の時間になると食のスペシャリストとして活躍してくれた。

ほかのクルーが、ステーキやチキングリルの封を開けて、「あ、これ、うまいよね」と食べ出すと、ビクターは「う～む」と考え込む。そして「その肉にはこちらのソースをかけるとうまいんじゃないかな」と言って、お目当ての調味料を取り出してくる。実際に食べてみると、それはもう、絶妙な味になっている。わたしは、3度目の宇宙飛行で初めて「食」の才人に出会うことになった。

それからというもの、ビクターが「う～む」となると、ほかのクルーはじっと彼の結論を待つようになった。そしていきなり「これにはゆず胡椒が合う」などと日本人顔負けの調味料を持ち出し、わたしを驚かせた。こうなると、負けられない。地上から醤油を2種類持参してきたわたしは「こっちの醤油が合うよ」とみんなにアドバイスするようになるのだから、食卓が盛り上がらないはずがない。

　実は、国際宇宙ステーションでは、スーツケースいっぱいになるくらいの調味料を取りそろえていた。ステーキ肉やお魚の缶詰にアレンジを加えるためにちょっと振りかけるだけで、食生活は実にハッピーになる。こうして、調味料をめぐる異文化交流は、食卓を豊かにしてくれた。

宇宙の装いを変える〝メイドインジャパン〟

　わたしがユーチューブを通じて船内活動をお伝えしているときに身に付けていたブルーのフライトスーツのこと、お気付きだっただろうか。これは日本のアパレルメーカー「ビームス」（ＢＥＡＭＳ）が製作したものだ。このほかにもＴシャツ、ワイシャツ、ポロシャツから下着まで取りそろえ、わたしの船内活動を快適にしてくれた。

　ビームスは１９７６年の創業。「モノを通じて文化をつくる」という理念のもと、日本人のきめ細やかなモノづくりのよさを発信している。わたしも普段着によく使うメーカーなので、そのこだわりがよく分かる。来たる宇宙観光時代に、日本の民間企業がさまざまなプロジェクトによって宇宙で活躍することはとても喜ばしい。今回、ビームスとＪＡＸＡが組んで夢のコラボが実現した。

国際宇宙ステーションの船内は、地上と同じ1気圧に保たれ、快適な温度や湿度に調整されているため、宇宙服を着る必要がなく、地上と変わらない服装を身につけることができる。

そこで一番大事になってくるのが、防火性。これまで船内服には燃えにくい綿１００％を使ってきたが、ごわごわした肌触りがわたしには気になっていた。

しかも宇宙滞在中は洗濯ができない。ポロシャツなら15日に1枚、下着は３日に１枚といった具合に数量が限定されている。どうしても吸水速乾や抗菌消臭性を持つ素材が必要で、その点、化学繊維の方が優れている。不燃性を保つ範囲内で、綿と化繊を配合した繊維を使う方が快適だ。

ビームスの担当者とは実に1年ほどかけて話し合い、かなりわたしのわがままも聞いてもらった。その成果をご紹介する。

一見すると普通のチノパンは、コットン素材ではなく、ポリエステルとポリウレタンを使用し、肌触りがよくストレッチ性の高い生地でつくってもらった。ラガーシャツには日本ならではの天然素材「竹」を原料とした糸を使用。ご存じの通り、竹には消臭効果がある。

さらにデザイン性にもこだわった。

船内作業に必要な携行品を取り出しやすいよう、パンツには大小さまざまなポケットを付けてもらい、マジックテープで大型ポケットを脱着できるアイデアも実現した。作業中、手順書を確認するためのタブレットを収納できる大きなポケットはとても便利だった。

なかでも、わたしのお気に入りは、ブルーのフライトスーツ。従来の「つなぎ」タイプをそのままに、上着とパンツを切り離すことができるセパレート構造になっている。以前のフライトスーツは分厚い素材で熱が逃げにくく、ダボッと膨らんでお世辞にも格好いいとはいえなかった。ビームスのフライトスーツは、腰回りのジッパーが外から見えないデザインなので「つなぎ」にしか見えないが、ジッパーを外せば簡単に上着だけ脱ぐことができる。用を足すときにフライトスーツを上から下まで丸ごと脱がなくても済むようになり、作業性もグンとアップした。こちらにも着脱可能なポケットが付いている。

アイデア満載の出来に、わたしはこのフライトスーツを試着したとき、「これなら世界基準になる」と太鼓判を押したほどだ。これから10年、20年先に日本人がどんどん宇宙に行くようになれば、「こんな服で宇宙旅行を楽しみたいなぁ」と喜んでもらえる被服になると確信している。

宇宙観光の場は、各国からさまざまなアイテムを持ち寄り、世界中に情報を発信するショールームになる。今後も「メイドインジャパン」を次々と採用してもらい、日本製品が誇る技術力を伝える絶好のチャンスになればと期待している。

袖のポケットも着脱可能。
© 工藤 恒（アルフォース）

セパレートタイプにすることで、作業性がアップするだけでなく、上下単体での着回しも可能に。 ©BEAMS

わたしは宇宙のユーチューバー

「ウーチューバー」誕生

それは、宇宙空間で挑戦した自撮りのショットから始まった。

「日の丸」を肩に縫い付けた宇宙服姿のわたしが左手を3度振る。弾みで、胸部に取り付けた工具の山が生き物のように動き出す。ヘッドライトが付いたヘルメットのシールド越しに、ほんのりとほほ笑むわたしの表情。この一連の様子を、右手に握った小型のアクションカメラはしっかりと捉えていた。

この映像は、船外活動をダイレクトに伝えられないかと頭をひねり、危険を伴う作業中でも実行できるギリギリの方法で撮影したものだ。自撮りショットのほかにも、漆黒の宇宙に浮かぶ青い地球をバックに、細い命綱でつながれた同僚飛行士ケイト・ルービンスが船外活動をしているシーンも撮影することに成功。これらのハイビジョン映像をユーチューブチャンネル「Ｓｏｉｃｈｉ　Ｎｏｇｕｃｈｉ」の第35回番組（２０２１年３月６日）として地上に配信した。

タイトルは「うちゅうにでてみたよ」。生死の境目をさまよいかねない宇宙空間からお届けした映像に、それまでにない反響が地上から寄せられた。

「ちょっとその辺いくノリでめちゃめちゃ凄い」

「宇宙でやってみた動画の最高峰」

「拝見したライブはガラス越しでない生地球が嘘のようで、背景に活動されている姿はもう想像を超えている」

この動画は「宇宙空間での船外活動中に自撮りをし、宇宙で編集して、宇宙からアップロードした最初の人」という評価を受け、現在、ギネス申請中となっている。

わたしはこうして、宇宙からユーチューブに映像を送り届ける、正真正銘の「ウーチューバー」になったのだ。

船外活動中、つまり真空の宇宙で自撮り！

自分の感性で伝える時代

ユーチューブチャンネル「Ｓｏｉｃｈｉ Ｎｏｇｕｃｈｉ」は、２０２０年11月27日にスタートし、80本を超える映像配信を続けた。コンセプトはこうだ。

「宇宙からナマの『宇宙暮らし』発信してます！」

国際宇宙ステーションの船内ツアーや、注目を集めた数々の宇宙食の〝食レポ〟中継のほかにも、七つのガラス窓を配して宇宙を３６０度見渡せる「キューポラ」から美しい地球を４Ｋ映像でお届けしたりした。ＣＧでは再現できないようなリアルな世界をお伝えしたと自負しており、ありがたいことに、チャンネル登録者数はおよそ10万人になった。

なかでも最多再生回数を数えたのは、１００万回を突破した第14回「水で遊ぼう！」。空中に浮かぶこぶし大の水玉を、はじきやすいようにテフロン加工した卓球ラケットでそっと打つというお遊びの回。ラケットに弾かれ、一瞬形をゆがめて飛び出した水玉は、再び丸くなって、実験室内を上下左右に漂い、もう見ているだけで楽しかった。

続いて、「一人卓球」。オレンジジュースからつくったピンポン球くらいの水玉を、やや勢いを付けて打ってみると、これが失敗。いくつもの小さな水玉に分裂し、実験室内が水浸しになりかねなくて、タオルで急いで拭き取って事なきを得た。

わたしのユーチューブには、映画やドラマに登場するような派手な宇宙船の爆発シーンが出てくるわけではない。でも、地上ではあり得ないような空中に浮いているご飯、浮かんでいる水玉、あるいは船外活動中にいろいろなツールがふわふわと宇宙に浮いているシーンを伝えたことで、宇宙のリアルさを感じ取ってもらえたと思っている。

無重力ならではの実験を披露。（ユーチューブより）

アメリカには、「NASA TV」というケーブルテレビがあり、国際宇宙ステーションの映像を四六時中流している。一方、わたしが発信するユーチューブには、わたしが見た真実だったり、わたしが伝えたい映像であったり、わたしが選んだこだわりのシーンだったりという「付加価値」があると思っている。

わたしが撮影したカリブ海のサンゴ礁、雲海の中の富士山のように、無限にある地球の映像から「わたしが選んだ」という付加価値があるからこそ意味があるのではないかと。船内での運動シーンや実験シーンも、「これ、ちょっと面白いかも」と切り取ってアップすると、切り取る人のパーソナリティやオピニオンが自然に出る。その点は外せない要素だと思っている。

いまの世の中、地上ではユーチューバーのみなさんがまさに世界中を席巻している。事務所に入ってプロチームを組み、大規模に展開している著名なユーチューバーたちも活躍中だ。かたや、自分の家の中で、あり合わせの機材から始めて、自分の表現力だけに頼って挑戦していく素朴なユーチューバーもいる。

好みのユーチューバーの動向が気になって仕方のない若者や子どもたちも多いと聞く。だったら、彼らのスマホにこちらから出かけていって、宇宙の素晴らしさをリアルタイムに届けたらいいんじゃないか。わたしはクルードラゴンで宇宙に向かう前からずっとそんなことを考え、チャレンジしたのだ。

＼フォロワー数 73 万 8000 人超！／

野口聡一のツイッター人気ナンバー3

NOGUCHI,Soichi
@Astro_Soichi

２回目の宇宙飛行をきっかけに、2009 年 10 月から始めたツイッター。３回目も宇宙から多くのツイートをした。その中から、人気の３ツイートを発表！

＼第１位／

2021年2月16日「今日の北海道。いやマジで。」1145 万件以上のインプレッション（投稿表示回数）を獲得した。

＼第２位／

2021 年 3 月 9 日「#ドラゴンが #日本列島の上を飛んでいく #SpaceX #Dragon flies over #Japan night.」

＼第３位／

2021 年 1 月 21 日「ちょっと窓を開けて地球を愛でようか」

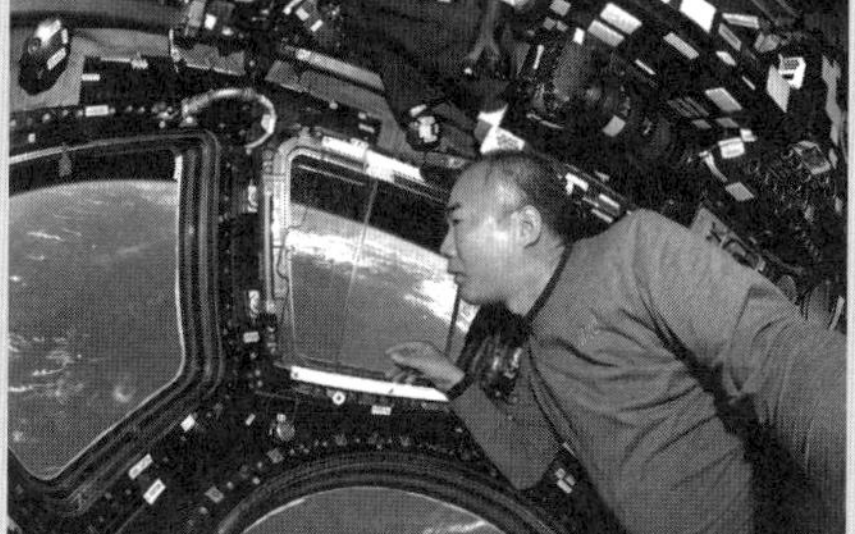

未来を拓く日本実験棟「きぼう」

ｉＰＳ細胞を使った臓器培養と超小型衛星の放出

国際宇宙ステーションの日本実験棟「きぼう」は、その名の通り、わたしたちの未来を切り開く希望に満ちた実験の数々に取り組んでいる。

そのひとつが、ｉＰＳ細胞を使ったヒトの臓器づくりの技術開発だ。ヒトの臓器は、ご存じのように、母親の子宮を満たす羊水の中に浮いた状態で育つ。羊水の持つ浮力と地上の重力が互いに打ち消し合い、子宮内はまるで無重力下の宇宙空間のようになっている。

東京大学と横浜市立大学で再生医療に取り組む谷口英樹教授のチームは、宇宙空間であれば培養した細胞が子宮の中と同じように三次元の方向に育ち、立体的な人工臓器ができるのではないかと考え、今回の実験を提案した。

あらかじめｉＰＳ細胞から培養してつくった肝《かん》芽《が》（小さな肝臓）を人工血管に巻き付け、

実験用の小瓶に詰めて宇宙に打ち上げた。「きぼう」では専用の装置に設置して小瓶を回転させ、人工血管を取り囲むように肝芽を立体的に融合させる。肝芽と血管がつながれば、実験成功だ。

初の実験にもかかわらず、実験装置や手順書の出来栄えがよく、ほぼほぼ谷口教授の想定通りの実験ができたと思う。そう、実験はうまくいき、立体的な臓器づくりに至る所期の目標は達成された。

ＪＡＸＡの担当エンジニアによると、人間の臓器につながる細胞は鮮度が命なので、普通はつくったその日に使う。ところが地上から打ち上げて国際宇宙ステーションまで届くのに1週間かかるため、保存技術の開発に苦労したという。しかもコロナ禍で人繰りが付かず、アメリカでは細胞を準備できなかった。そこで日本で細胞を準備し、手持ち輸送でアメリカに持ち込んで打ち上げたから、さらに2日間を要した。

それでも生きた肝芽が宇宙に届いたのだ。谷口教授によると、再生医療の現場では臓器保存は数時間が勝負なのに、1週間以上も保存できるなら、日本でつくった人工臓器を地上のどこにでも運べることになる。「まさに宇宙実験がもたらした副産物でした」と画期的な成果に拍手喝采だった。

「きぼう」には、ほかにも高い技術力を誇る装置が備え付けてある。小型衛星を宇宙空間に送り出す放出機構「Ｊ－ＳＳＯＤ」がそのひとつだ。

その仕組みを説明すると、Ｊ－ＳＳＯＤにはわずか1kgほどの小型立方体「キューブサット」から50kg級までの超小型衛星を搭載することができる。これを、エアロックを通じて船外に移動させ、「きぼう」に取り付けてあるロボットアームを操作してつかむ。その長い手を宇宙空間の所定の位置までグンと伸ばし、位置が定まったら、Ｊ－ＳＳＯＤ内のスプリングが働いて小型衛星を一気に放出するのだ。飛び出した小型衛星はだいたい1年くらいかけて軌道を周回する。

今回、わたしが携わったのは全部で８機。４回に分けて放出した。

1機目は、大阪府立大学がつくった「ＯＰＵＳＡＴ－Ⅱ」。これはアマチュア無線を用いた高速データ通信を実証する。２機～４機は、ＪＡＸＡと九州工業大学、そしてアジア・アフリカ諸国が参加した国際的な衛星開発プロジェクト「ＢＩＲＤＳプロジェクト」の一環として放出した。九州工業大学の「Ｔｓｕｒｕ」、フィリピン大学の「Ｍａｙａ－２」、そしてパラグアイ宇宙庁の同国初となる「ＧｕａｒａｎｉＳａｔ－１」の３機で、いずれも1辺10㎝のキューブサットだ。

5機目は、ＪＡＸＡが提携しているリーマンサットスペーシズ社の「ＲＳＰ－01」。宇宙空間で自らの姿を撮影する「自撮り」衛星として話題。6機目が、筑波大学と同大学発のベンチャー企業ワープスペース社が共同開発した「ＷＡＲＰ－01」。軌道上の電波環境や放射線を調べ、将来的には観測データを地上に大量送信できる仕組みづくりに役立てるという。

「きぼう」から放出される超小型衛星「STARS-EC」（静岡大学 /STARS Space Service 株式会社）の様子。

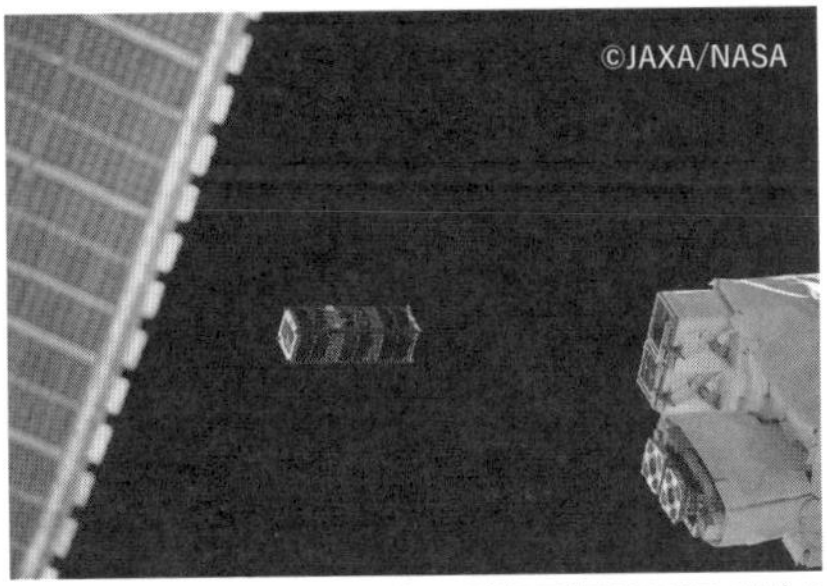

「きぼう」から放出される超小型衛星「TAUSAT-1」（イスラエル・テルアビブ大学）。

7機目は、テルアビブ大学の「ＴＡＵＳＡＴ－1」。イスラエルとしては初めて大学生だけでつくった。人体や電子機器に影響を与える宇宙線の測定などに当たる。最後の8機目は、静岡大学と同大学発のＳＴＡＲＳ Ｓｐａｃｅ Ｓｅｒｖｉｃｅ社がつくった「ＳＴＡ

ＲＳ－ＥＣ」。これは三つの衛星がエレベーター構造でつながって、将来的には宇宙エレベーターの研究や「宇宙ごみ」の除去にもつながる研究に当たる。

　この放出事業は、２０１２年から続いている「きぼう」の目玉事業のひとつだ。放出する衛星は地上から無人補給船で後から運ばれるので、打ち上げの機会は多い。２０１８年からは、事業そのものを民間企業が担うようになり、新たな宇宙ビジネスの創出の場として利用拡大が期待されている。

宇宙で「バジル」を育ててみた

　国際宇宙ステーションはひどく無機質な空間だと感じることがある。何といっても、緑と出会うことがない。そんな宇宙飛行士にとって、植物を育てるくらいモチベーションの上がる科学実験はない。

　２０２１年2月16日。国際宇宙ステーションの日本実験棟「きぼう」では、日本のスイートバジル種子とマレーシアのホーリーバジル種子を宇宙に打ち上げ、軌道上で1カ月にわたって栽培してみようというプロジェクトが始まった。

わたしは実験初日、バジルの種子を埋め込んだ植物栽培容器を「きぼう」の室内に取り付けた。その観察記録を毎日撮影し、ツイッターで報告したので、ご存じの方もいるだろう。実験3日目に発芽。21日目には容器の天井（高さ65㎜）に達し、最終日にはまるでジャングルのようにバジルがごわごわと伸びていた。

船内にいるアメリカやロシアのクルーたちは「ＪＡＸＡが植物実験をやっているらしい」と聞いて、物珍しそうに「きぼう」へ見学に来る。わたしはバジルの成長する様子が楽しくて、毎日写真を撮った。夜になると、カメラを構えて「タイムラプス」という撮影方法を使い、8時間の映像を3分くらいに縮めるモードで撮ってみたら、バジルの成長が実によく分かった。

国際宇宙ステーションでの生育条件をみてみると、船内どこでも1気圧に保たれ、換気も良好だった。問題は、光の環境。太陽光がほとんど入らないため、船内の照明からどれくらい離したらいいのか気を配った。そしてもうひとつ、振動の影響がある。「きぼう」の室内にはほかの実験設備もたくさんあり、ちょっと先には運動器具も置いてある。振動を極力避けた場所を探すのは実に大変だった。

地上から打ち上げたバジルは、世話のかからない透明な実験容器に入っていた。容器はマグカップぐらいの大きさで、底に詰めたグラスウールの上に種子を置き、密封してある。わたしが行うのは、水分補給のみだ。それ以外のメンテナンスを一切やらないという条件下、宇宙空間でどのように植物が育つのか。わたしは手順書に従い、忠実に実験を進めた。だが、実験開始から10日目、ある〝事件〟が起きた。

バジルにカビが生えていた

「宇宙バジル」の手順書には「10日目にカビがあるかどうか確認してください」と書かれていた。カビがあるかどうか確認してと言われても、パッと見ただけでは「だいじょうぶです」と即答しかねない。

手順書はさらに踏み込んで「ハーブの内部に白い木綿や綿菓子みたいな組織はありますか」と確認するよう具体的な指示を出していた。そこで、よく容器の中を覗いてみる。すると、種子を水に浸しておくグラスウールの表面に、ふわっとした白いものが見えた。「もしや……」と思い、わたしは速やかに地上の管制官に状況報告を入れた。

地上では、バジルにカビが生える可能性を想定していたようだ。容器内の殺菌処理は徹底していても、種子そのものを殺菌するわけにはいかない。地上での作業中に何らかの理由で種子の表面にカビの菌が付着しており、宇宙実験中に水を加えたため、カビが発生したらしい。

この実験、日本のスイートバジル種子とマレーシアのホーリーバジル種子の容器をそれぞれふたつ用意し、計4つでスタートした。カビが生えたり、容器が壊れたりしたときに備え、バックアップ用にサンプルを用意していたわけだ。

実際にカビが生えたのはサンプルひとつだけ。手順書のなかに「もしカビが生えていたら」と不具合があった場合の対策もつくってあった。

ただ、閉鎖空間で暮らすわたしたち宇宙飛行士にとって、このカビは重要な問題をはらんでいた。

光を上から当て、10日に1度水やりをするバジルの栽培実験。

清浄な船内空間に、たとえバジルに生えたささやかなカビの菌とはいえ、異物が混入したとなると、事は重大なのだ。

宇宙実験のプライオリティは三つある。１番目に、宇宙飛行士に危害が加わらないこと。２番目に、国際宇宙ステーションそのものを壊さないこと。３番目が、サイエンスとして成果を高めること。宇宙船内において、優先順位はそう決まっている。

実験作業によって、宇宙飛行士たちに健康被害が及ぶことは絶対避けなければならない。そこで手順書に従い、カビが生えた容器をビニール製の丈夫なジッパー付き密閉袋で二重包装し、菌の胞子が飛び出さないよう密封した。容器の外部に胞子が出ていないことを確かめた上で、カビが生えてしまったバジルは増殖しないよう水やりを停止。そして残りの３サンプルで実験を続行した。

ただ、カビが生えたバジルも、冷凍保存し、地上にフィードバックした。宇宙空間でカビが生えたとき、どのような形で、どれくらい成長しているか。最初の水分しかあげないで30日間放っておいた結果が分かる、立派な実験サンプルになった。

実験容器のフタを開け、香りをかいでみる

わたしが「きぼう」の室内で今回手がけた科学実験といえば、先に述べた肝臓の基になる組織をｉＰＳ細胞からつくって血管と培養する実験や、紙やアクリルのような身近な素材を宇宙空間で燃焼する実験が一例として挙げられる。いずれも重要なテーマで、ひたすら地上の指示を１００％実行するものばかりだった。

ところが、「宇宙バジル」に限っては〝教育実験〟と呼び、日本を含めたアジア・太平洋地域の12を数える参加国・地域の学生たちに「こういう宇宙実験の世界があるんだよ」と興味を持ってもらうことも目的のひとつで、ほかの科学実験とは事情を異にしていた。

わたしが30日の間、成育中のバジルの映像を流していたこともあり、ツイッターを閲覧した人たちから「これ、最後に食べるの？」「宇宙のバジル、どんな香り？」という投稿がどんどん増えていった。

地上にいる実験担当者も「宇宙で食物をつくったんだから、食べないまでも、何かやってみたいよね」と興味が湧いてきた。研究チームに相談したら、残りの三つのサンプルの

緑の少ないISSで、日々成長するバジルに癒やされていた。

うち、ひとつだけ容器のフタを開け、バジルの香りをかいで観察してみようという話になった。

でも宇宙バジルが科学実験である以上、全ての作業は手順書に従って行われている。作業を変えるには手順書の変更も必要だ。そこで地上の研究チームは手順書の一部を書き換え、わたしの手元に送ってきた。

新たな手順は、①手袋をした上で容器を開けて表面の様子と香りを確認する、②観察の結果を報告する――この2点。

新たな手順書通りにフタを開けてみると、背丈の伸びたバジルの葉が勢いよく飛び出した。そして、鼻腔を刺激する強烈なバジルの香り。「これは、素晴らしい」。わたしはつい声を漏らしていた。無機質な実験棟が、バジルの香りに包まれた瞬間だった。

わたしは、容器のフタを開けてバジルの香りをかいだ様子を撮影し、ユーチューブにアップした。これで、新しい手順の①と②を造作なく終えることができた。

あくまでも、手順書通り。もし勝手に実験容器のフタを開けていたら、「貴重なサンプルを壊した！」とわたしが地上から叱られてしまっていただろう。地上の研究チームが臨機応変に作成してくれた手順書は、わたしに宇宙でのバジルの香りを届けてくれた、何よりの贈り物だった。

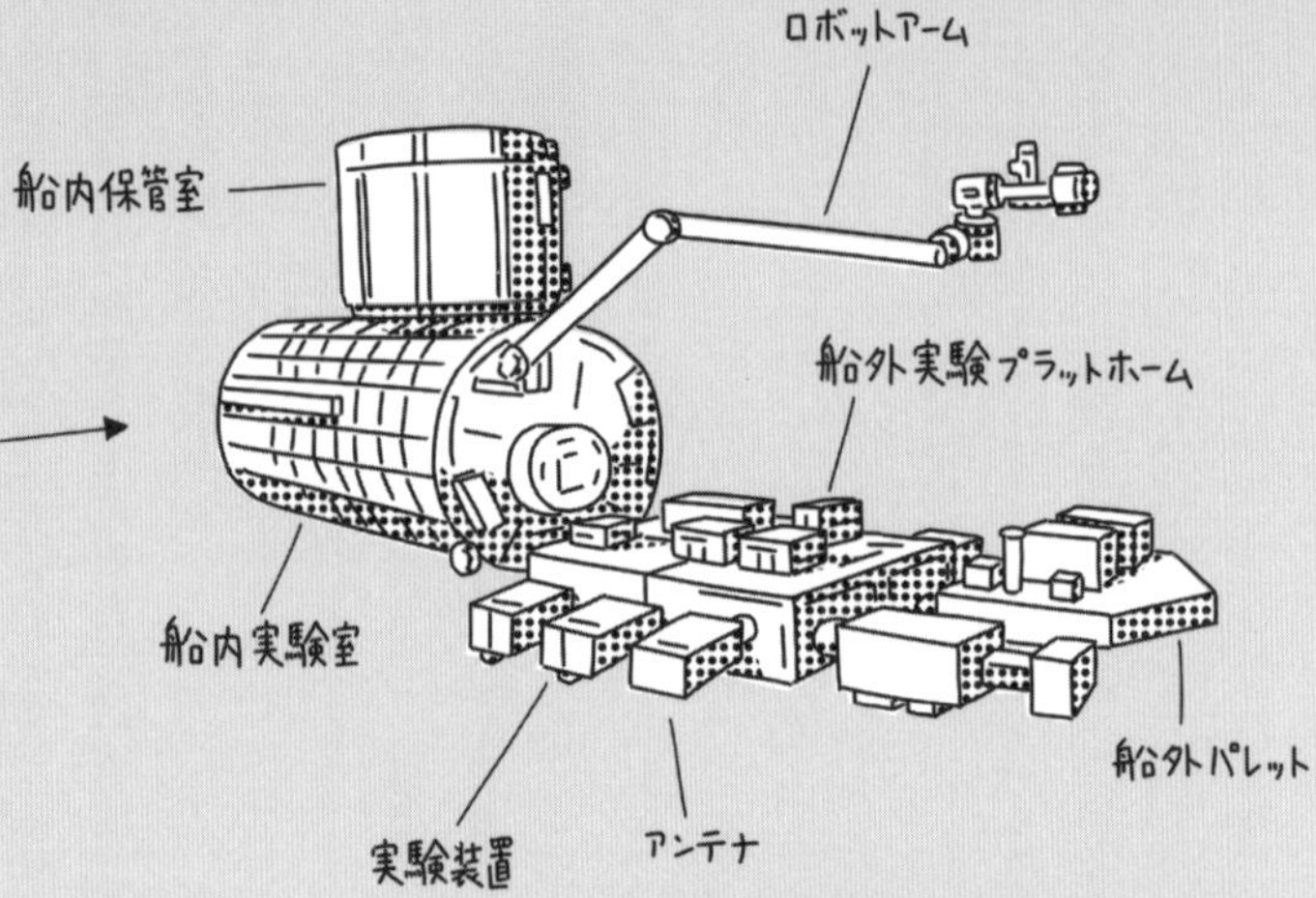

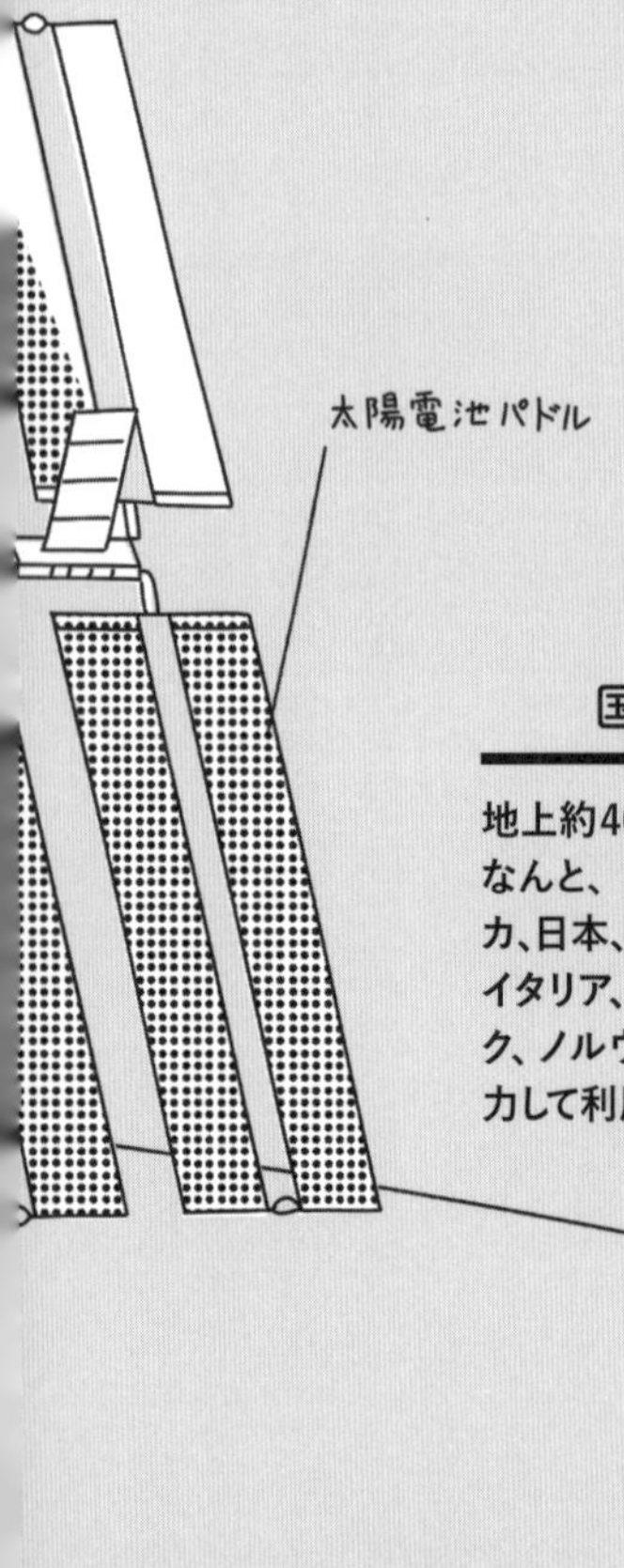

日本実験棟「きぼう」

国際宇宙ステーション最大の実験施設。船内実験室は地上とほぼ同じ環境（空気組成、気圧）に保たれ、温度、湿度もコントロールされているため、宇宙飛行士は普段着で快適に作業できる。

国際宇宙ステーション（ISS）

地上約400kmに浮かぶ宇宙実験施設。その大きさは、なんと、サッカー場がすっぽりと収まるほど！　アメリカ、日本、カナダ、欧州各国（イギリス、フランス、ドイツ、イタリア、スイス、スペイン、オランダ、ベルギー、デンマーク、ノルウェー、スウェーデン）、ロシアの 15カ国が協力して利用している。

日本実験棟「きぼう」はココにある！

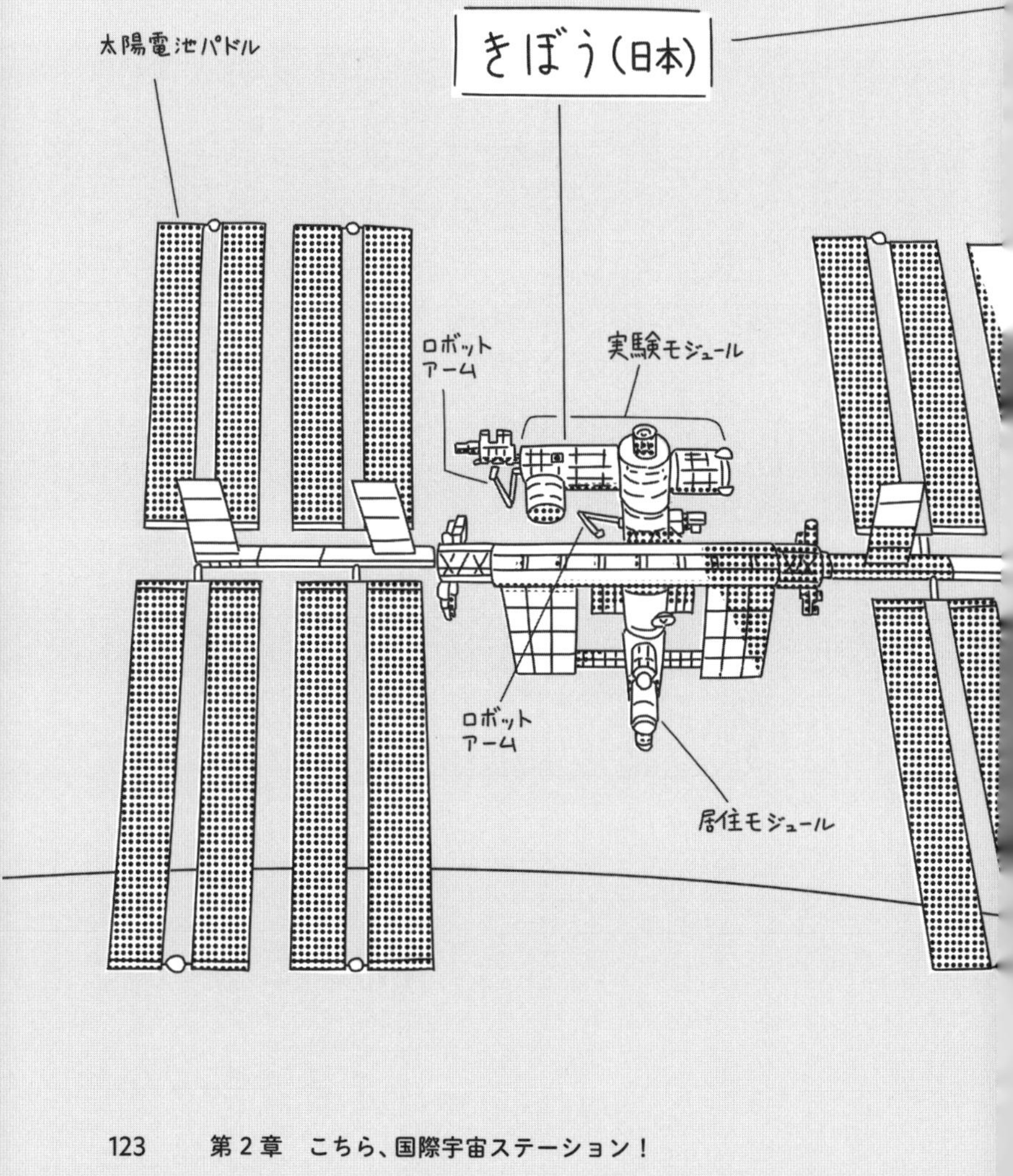

手前は日本実験棟「きぼう」と日本のロボットアーム。奥に写っているのは移動中のクルードラゴン初号機。

第3章　心と体の安定を求めて

宇宙で座禅を組んでみた

“We-They Syndrome”の怖さ

対立の兆候を見逃すな

わたしの住むアメリカでは、“We《ウィ》 - They《ゼイ》 Syndrome《シンドローム》”という言葉をよく耳にすることがある。組織内の会話の中に、「Ｗｅ《ウィ》（われわれ）」と「Ｔｈｅｙ《ゼイ》（彼ら）」という２語が頻出して、対立の構図で語られるようになったら、ワンチームを壊しかねない危険な兆候だ——と警鐘を鳴らす意味が込められている。これは、わたしたち国際宇宙ステーションのクルーにも当てはまる。

例えば、クルーが作業に追われているとき、地上の管制官から折悪く別の作業指示がやってきて、少しギクシャクすることがある。タイミングの悪さも手伝って、クルーたちは感情を害し、指示を出した地上スタッフのことを「わたしたちの苦労も知らないで」「こちらの現場を分かっちゃいない」とつい不満に思い、ＷｅとＴｈｅｙの対立構造で語ってしまう。これは危ない。

具体的にみてみよう。地上からいきなりこんな指示がきた場合である。

「ＩＳＳ（国際宇宙ステーション）の３番バルブの調子がおかしい。いまの時点で２番バルブに切り替えたいので、まず３番を閉めてもらいたい」

問題の個所がとても触りにくい場所にあったとしたらどうだろう。例えば、バルブを収めている壁面側の収納室の前を片付けないといけない場合、たいてい、収納室の手前は仮置きしている物でいっぱい。それを全て片付けて、壁面パネルのネジを全部外して収納室を開き、懐中電灯で照らしながら中に入ってようやくバルブにたどり着く。合計30分はかかりそうな作業だとしたら、別の作業に追われている宇宙飛行士から「地上は分かっていないね」と文句のひとつも出かねない。

地上との関係悪化を防ぐには、まず、ファーストサインを見逃さないことだと思う。宇宙飛行士が「彼らは分かっていない」と反感を覚え、地上も「飛行士たちは何を勝手なことをやっているんだ」と文句を言いたくなるような、ささいなきっかけ。ただ、お互いがそうした兆しに気付くには、国際宇宙ステーションそのものが地上から離れたテレワーク環境にあるだけに、難しい。

もし、ファーストサインを見逃し、ちょっとした行き違いから宇宙飛行士たちが「地上は間違っている」という思いが高じると、「わたしたちが正しい」「彼らの言うことは聞かない」と猜疑心がふくれ上がり、いよいよ負のスパイラルに突入してしまう。もしそうなったときには、次の対処法を考えないといけない。

負のスパイラルは「タイムアウト」で断ち切る

わたしたちがよく意識して行うのは「タイムアウト」だ。スポーツでいう「作戦タイム」みたいなもの。試合で負け始め、どんどん点数を取られているとき、悪い流れを断ち切るためのタイムアウトは必須だ。

わたしのような昭和生まれの世代は、子どものころに「ちょっとタンマ」と言って試合の流れを変えたものだ。野球で満塁のピンチを迎えたときなど、「ちょっとタンマ」とタイムアウトを取って休憩を挟むことがよくあった。

試合と同様、人間関係においても悪い流れを断ち切るときに、このようにタイムアウトを取ることは全然悪くない。流れをいったん断ち切って、自分を客観的に見つめたり、他者から助言をもらったりする。そこで初めてわれに返り、気付くことは実によくあることなのだ。その際に大事なのは、オープンに意見を出し合える環境を用意しておくことだろう。

ちなみに、タイムアウトは野球だと監督などの限られた人しか要求できないけれども、宇宙飛行士の間では誰でも言い出せるルールになっている。おかしいと思ったらいったん止めて、みんなで気持ちを確認し合うのが何より大事だ。

一方、いまのテレワーク時代、閉じた空間でひとりきりになることが格段に多くなる。こうしたときに負のスパイラルに入ると、やがて不眠症をはじめさまざまな心身の症状に悩む方も出てくると思う。

たぶん、テレワークの初日から不眠症に陥るわけではなく、テレワークが始まって以降、じわじわと症状を引き起こす原因が蓄積されていく。それは、同僚の何気ないひと言だったり、上司から出た不明瞭な指示だったり、あるいは一所懸命やったのに結果をちゃんと評価してもらえなかったり……そんな理不尽さに対する不満や嘆きが折り重なって行き場を失い、自分自身の心や体を苦しめてしまうのではないだろうか。

その先、悩みが深まって不眠症のような症状を呈することもあれば、人によっては不満をこらえ切れなくて相手に怒りを爆発させてしまうこともあるかもしれない。

こうした不幸な「出口」に行き着く前に、初期の段階で症状の芽を摘んでおきたい。自分ひとりでその状態を客観的に見抜き、抜け出せることもあり得るかもしれないが、たいていの場合、自力脱出なんて難しい。だからこそ、第三者から受けられるサポートがテレワーク時代には重要になってくる。

宇宙飛行士の世界には、まさに、そうした支援体制が組織的に用意されている。

宇宙のテレワーカーを支援する仕組み

宇宙と地上の橋渡し役「キャプコム」

地球から離れて暮らす宇宙飛行士に対し、地上では組織的な支援体制を敷いている。ひとつは、地上の管制官チームである。ＪＡＸＡの筑波宇宙センター（茨城県つくば市）の建物内に管制室があり、多いときには管制官たち40人ほどが集まる。ＮＡＳＡと連携しながら、国際宇宙ステーションに指示を出す日本の拠点だ。

わたしの場合、日本実験棟「きぼう」のミッションがメインになるため、「きぼう」を運用するＪＡＸＡの管制官チームとは、離れ離れとはいえ、オンラインを通じて付きっきりの関係にある。

管制官チームのとりまとめ役を「フライトディレクター」と呼ぶ。一般企業でいう管理職に当たるだろう。宇宙船の船長と一対一で相対する地上側の責任者だ。その下に、ロケットや船内実験などの担当者たちが付いてチームを構成している。

実は、わたしたち宇宙飛行士が地上とコミュニケーションをとる上で、何より大事なのは「キャプコム」（ＣＡＰＣＯＭ）と呼ばれる管制官であることは、一般にはあまり知られていない。

英語の正式名称は「カプセルコミュニケーター」（capsule communicator）。その昔、カプセル型の宇宙船と交信していたころにちなんで付けられた肩書である。宇宙飛行士と直接会話をすることが許されているのは、意外にもフライトディレクターではなく、このキャプコムなのだ。

その役割をひと言で言うなら、管制室で話し合った内容をうまくまとめ、簡潔かつ理解しやすいように宇宙にいるクルーたちに指示すること。これに尽きる。

キャプコムは、かつては全て宇宙飛行士が務めていた。国際宇宙ステーションの内部の様子が分からないとなかなか指示が行き届かないからだ。キャプコムに宇宙飛行経験があれば、言葉だけでは伝え切れない宇宙船側の事情をおもんぱかり、管制官チームに事情を説明する代弁者になってくれる。

かくいうわたしもキャプコムを務めたことがあるから、宇宙飛行士と管制官との間で板挟みになるしんどさは痛いほど分かる。

現在は国際宇宙ステーションを24時間運用しているため、宇宙飛行士の経験者だけでは人手が足りず、半分以上はエンジニアが起用されている。といっても、訓練担当者が多く、クルーと気心が知れた間柄なので安心。やはり宇宙飛行士の様子をしっかりつかんでいるスタッフでないと、キャプコムは務まらない。

キャプコムの重要性はますます高まっているように思う。管制室というところは、どうしてもシステムのエンジニアが多く詰めがちになり、ついつい細かい指示を宇宙に伝えたくなるからだ。

先の例を引き合いに出そう。国際宇宙ステーションのシステムを管理するエンジニアが宇宙飛行士に向かって「いま、ＩＳＳの３番バルブの調子がおかしい。いまの時点で２番バルブに切り替えたいので、まず３番を閉めてもらい、こちらで様子を確認してから２番を開けてもらう」と延々と話し出したら、飛行士側は混乱してしまう。

宇宙飛行士が知りたい指示とは「まず３番を閉めて」「しばらく待って」「こっちがいいと言ったら２番を開けてくれ」。それだけで十分なのだ。

当事者の間に立って橋渡し役を務めるのは、本当に骨が折れる仕事だと思う。困るのは、伝言ゲームのように仲介者が異なる情報を伝えてしまうケースだろう。わたしと地上スタッフとの間に、まるで事情の分からない電話の交換手が入ったらどうなるか、想像してみよう。

わたしから「船外活動で手袋に大変なことが起きた」と話したのに、事情がさっぱり分からない交換手は「大変」という言葉に引きずられて理解を誤り、伝言先の管制官に「手袋を忘れて大変なことになっているそうです」などとフェイク情報を伝えてしまう。これでは、コミュニケーションは成り立たない。

橋渡し役は、自分自身の存在をとことん透明にして、当事者間の発言内容を正確に伝えなければならないという難しさを常に抱えている。

キャプコムが持つ想像力

経験豊富なキャプコムでも、頭を悩ますことがある。第1章で紹介した「スペースアバター」のような〝初もの〟のプロジェクトがそれに当たる。

地上から遠隔操作を受けて動くロボット「アバター」は、地上から指令が出てから実際に作動するまでにおよそ20秒の時間を要した。かなりの通信遅延が発生してしまい、地上側のフラストレーションはかなりのものだったと想像する。一方、国際宇宙ステーション側でロボットの支援に付きっきりになっているわたしも「もう次の作業に行けるのになかなか指示がこないなぁ」と困惑することがあった。

こういう場合に備え、手順書を十分整え、キャプコムの頭の中にたたき込んでおく必要がある。そうしておけば、キャプコムはわたしに対し、想定される手順を思い描きながら「野口さん、さっきの対応はバッチリだ」「地上でトラブってるから少し待ってね」といったテンポで間をつなぎ、安心させてくれることだろう。

加えて、焦る地上のエンジニアにも「これくらいの遅延は常にあるものなんです。みなさんがつくった機械がおかしいわけでもないし、飛行士がサボっているわけでもないですから」と落ち着かせることができる。

システムを開発・運用しているエンジニアは、こうしたコミュニケーションの手順をつい飛ばして「国際宇宙ステーションと直接話せば分かる」と考えがちになる。その気持ちは確かによく分かる。

しかし、それでは宇宙と地上のような離れ離れのテレワーク環境下のコミュニケーションは成り立たない。キャプコムの役割は、一方的に地上の指令を出せば済む訳ではない。それはまるで、カウンセリングでもしているかのように、相手の言い分に配慮しながら繊細に対応する技量が求められる。

例えば、地上から「3番バルブを閉めてほしい」と指示を出したとき、宇宙飛行士から「やってもいいけど、どうして？　ちょっと時間かかるよ」と返事がきたとしよう。宇宙飛行士は交信時に用件のみを伝える癖があり、理由説明のないことがままあるものだ。

その発言から、やんわりと指示を断ろうとするニュアンスを感じ取れたとしよう。優秀なキャプコムなら、その瞬間、宇宙飛行士を取り巻く状況を即座に考えるはずだ。

というのも、実は多くの作業を地上から自動操縦で行うシステムがある。もしかすると、宇宙飛行士が本当に言いたかったのは「みんな手がふさがっているから、地上でやってくれない？」という意味合いが込められているのかもしれない。

あるいは、ひどく手の届きにくい場所に3番バルブがあるから、文字通り「時間かかるよ」と表現しただけなのかもしれない。いや、もしかすると、指示内容が理解できなくて困惑したリアクションなのかもしれない。実際、宇宙飛行士のわたしだって、3番バルブの場所がすぐにはピンとこないときだってあり得るからだ。

もし、手の届きにくい場所に3番バルブがあるという事情を察知できたなら、キャプコムは「分かったよ。ちょっとほかの方法を探してみるよ」と次の対応を即座に考える必要がある。そうすれば、事はスムーズに運ぶ。

いや、もしかすると、国際宇宙ステーションではちょうどランチの時間に入るタイミングで、せっかくのお昼休みに急な作業を入れてしまい、クルーたちが億劫に感じたのかもしれない。

そんなとき、手練《だ》れのキャプコムなら「大変なのは分かるよ。でも、今これをやらないと後で面倒なことになるからさ、お昼時間を飛ばしちゃうけど、やってくれないかな」とクルーをいなしてみたり、「ごめん。気が進まないと思うけれど、僕の顔に免じてすぐ取りかかってほしい。申し訳ない」と時に悪役を自ら引き受けたりすることもある。

相手の表情が見えにくいテレワーク環境下では、当事者同士のささいな言葉の行き違いが“We - They Syndrome”を生み出しかねない。キャプコムのようなコミュニケーションの橋渡し役が、地上のあらゆる組織にも欠かせない日がくるのかもしれない。

地上で活躍「家族支援チーム」

地上の支援体制といえば、管制官のほかにも多様なスタッフがいる。なかでもありがたいのは、地上に残された宇宙飛行士の家族を支援する職員たちがいることだ。この職員たちは、宇宙飛行士の家族と定期的に面談を行って支援したり、宇宙飛行士と友人たちとの交信も絶やさないようサポートしたりしてくれている。

クルーたちが宇宙船の中で大変な作業に追われているとき、地上にある自宅が大規模災害に見舞われるケースだってある。NASAの拠点があるアメリカ・ヒューストンは、よくハリケーンに襲われる。国際宇宙ステーションで仕事をこなしているとき、「ヒューストンが大洪水だ」となったら気もそぞろになってしまうだろう。

そんなとき、家族の支援チームに嵐のなか、自宅を訪問してもらう。その結果、「家族のみなさんの安全を確認したよ。大丈夫」と地上から連絡をもらえたら、クルーは安心してミッションに専念できる。

実際、留守宅がハリケーンで浸水被害に遭ったケースも数年前に起きている。被害者は独身の飛行士だった。室内には誰もいない状態だったので、支援チームがカギを開けて一気に荷物の運び出しを行い、浸水被害の復旧作業もやってくれた。

本来であれば、自分でやるべきことだろう。でも、宇宙に滞在しているときに、クルー本人が有給休暇を取って家の掃除に帰るわけにもいかない。

うっかり見過ごされがちな支援のケースだが、仕事以外の部分をサポートする体制があるからこそ、安心して宇宙飛行士は宇宙で仕事ができるのだ。

付きっきりの主治医「フライトサージャン」

宇宙飛行士を支援するスタッフといえば、最も身近な存在がある。「フライトサージャン」と呼ばれるＪＡＸＡ所属の医師たちだ。宇宙飛行士ひとりひとりに専任の医師が付き、健康状態を常に見守ってくれている。組織上、管制官チームの一翼を担うが、宇宙飛行士の主治医として一緒に動くことが多い。

訓練段階から打ち上げの瞬間、そして宇宙に滞在しているときまでの長期間にわたり、宇宙飛行士に付きっきりになる。なぜかといえば、地上での過酷な訓練や宇宙滞在中にケガや体調不良に見舞われたとき、すぐに対応できるからだ。

地上の訓練といえば、第1章でも触れたような巨大プールでの船外活動訓練をはじめ、打ち上げ時や帰還中の大気圏突入時にかかる厳しい重力環境を再現した訓練、あるいはサバイバル訓練といった危険を伴う訓練が多く、そこでもフライトサージャンが立ち会って見守りを続けている。

打ち上げの1年前からは、フライトサージャンの下で医学検査や診察を定期的に行い、健康指導は手厚くなっていく。打ち上げ直前になると、「検疫隔離」といってクルーを専用宿舎に入れ、外部接触を制限して感染症対策にも当たる。

宇宙滞在中には、国際宇宙ステーションに搭載されている採血・採尿キットや心電図、血圧計、超音波診断装置のデータを地上に送り、宇宙飛行士の健康管理を継続する。

最近でこそ、パソコンやスマホを使ったオンライン診療が日本でも導入されるようになったが、わたしたち宇宙飛行士の世界では、以前から当たり前のように取り入れられてきた診断方法である。

以上のような医学検査や健康診断は、地上のフライトサージャンを含む医学運用チームが対応に当たり、宇宙飛行士の体に万が一のことが起きないよう、つぶさにウオッチを続けている。

実はもうひとつ、フライトサージャンには宿命ともいえる役目がある。

宇宙飛行士というのは、宇宙に出かけるためにいろいろな医学基準をクリアしていないといけない。年齢を重ねれば、基礎疾患があったり視力が落ちたりすることもある。基準をクリアできなければ、宇宙飛行士の職を退くか、地上職への配置換えになりかねない。

医学基準を通るかどうか、それを判断する権限を握るのが、フライトサージャンなのだ。すなわち、宇宙飛行士のそばにいて健康状態をつぶさに診ながら、結果的に引退を求める立場にもある。

もちろん、わざとそんな判断をする医師はいない。きちんと宇宙へ飛び立てるように支援することを旨としている。ただし、自分で診断して「これは危険だ」と思ったら、いつでも引退に追い込む力があることをフライトサージャンは十分自覚しているのだ。

だから、宇宙飛行士にとって身近なよき友人でありつつも、宇宙飛行士とフライトサージャンはある意味、緊張関係にある。

精神心理サポート

日本の企業では、大手を中心に専門の産業医を配置するようになって久しい。宇宙飛行士の世界に置き換えてみると、その役割を担っているのがフライトサージャンであり、もっぱら身体的な機能を診ている。

これとは別に、精神科医を中心とした「精神心理サポート」を担うチームもＪＡＸＡにはある。任命されたばかりの宇宙飛行士に精神科医が面談を行い、これから始まる訓練に耐えられるかどうかを見極めるという大きな役目を持っている。

その後の地上訓練や宇宙滞在中にもカウンセリングを実施しているし、地上にいる家族のいわゆる悩み相談にも当たり、宇宙飛行士が抱えがちな精神的不安を取り除く支援を担っている。

ただし、フライトサージャンとは違い、クルーにぴったり付いているわけではない。地上訓練のときには対面のカウンセリングが何度か入るが、宇宙船にいる間はオンラインシステムを用いた面談になる。

何気ない会話の中に、精神的なストレスや心の葛藤などを見いだそうという試みだが、身体的な検査と異なり、精神面のカウンセリングをテレワーク環境下で行うのは容易ではないように思う。

今後、オンラインという環境下でのカウンセリング技術をさらに高めることができれば、ストレスにさらされる宇宙飛行士ばかりか、テレワーク時代に精神的不安を抱えがちな多くの在宅勤務者にも強い心の支えになってくれると思う。

パニックに抗う

完璧主義の危うさ

予測できない事態に遭遇すると、「どうしよう、どうしよう」とパニック状態に陥ることがある。そうなる度合いは、人によってまちまちだと思う。

宇宙飛行士の場合、閉鎖空間でパニックになってしまうとさすがに困る。ある程度、楽天的な素養が求められるのは致し方ないと思う。わたしも宇宙飛行士の候補生を選ぶ立場になっているから、その視点から言えば、その人のポテンシャルの高さよりも、追い込まれたときでも何とかやりこなせる人を選ぶかもしれない。

例えば、100点満点の能力テストを受けたとしよう。90点を取った人は70点の人よりもたしかに能力はあるだろう。しかし、90点を取った人が「なぜあと10点取れなかったんだ」と引きずるような性格なら、ハイストレスな環境では崩れやすいかもしれない。

ひとつ言えるのは「完璧主義は危険だ」ということ。わたしが宇宙飛行士に任命されたばかりのころ、先輩のアメリカ人宇宙飛行士に言われたことがある。

“Better《ベター》 is《イズ》 the《ジ》 enemy《エネミー》 of《オブ》 good《グッド》”

「よりよいことは善の敵」と訳されることがある。要するに、完璧主義の人には落とし穴があるという意味合いになる。

宇宙飛行士の世界は、競争を勝ち抜いてきた集団だ。アメリカはさほど学歴主義ではないにしても、競争社会を生き抜いてきた人たちが宇宙飛行士になる。高度な操縦技術を備えたテストパイロットやＭＩＴ（マサチューセッツ工科大学）のドクターみたいな人がぞろぞろいる。多かれ少なかれ、完璧主義の集団になりがちなのだ。

そこで、90点を取った候補生が「あと10点足りない」「もっとベターになろう」とする。そうやって自分を追い込み、自分自身にストレスをかけてしまう。

その一方で「70点が合格点だから、これでいいじゃないか」「とりあえずオッケー」と言える人は強い。引きずらないことが何より大事。引きずるくらいだったら「明日70点以上取ればいいや」とリセットできる方がよほどいい。

ルーティンで切り替える

生まれたときから楽天家ならいい。でも、後天的にくよくよしない性質を身に付けることも、できなくはないように思う。

わたしの場合、かなりのこだわり派で、完璧主義に近いマインドがあったと思う。それでも、宇宙飛行士に任命されたばかりのころに“Better is the enemy of good”と先輩に諭されたから、極めて優秀な同僚たちに囲まれるようになると、「簡単にここでてっぺんを取りにいく訳にもいかないかな」と割と早く受け止めることができた。

宇宙飛行士になるのは、まるでマラソンみたいなもの。最初からトップじゃなくてもいい。長い目で見ても、１００点を取っている人がいち早く宇宙に行けるわけでもない。宇宙に行ったら、まさに厳しい環境を切り抜けていく精神力の方が威力を発揮するから、いまから焦る必要はない――そんなふうに思えるようになったのも、楽天的な素養を身に付けたおかげかもしれない。

ここでひとつ、わたしたちの実社会の中で完璧主義に陥らない方法をお伝えしたい。

競争社会を生き抜き、１００点しか取ったことのない人がもし70点を取ったとしたら、「70点でも大丈夫だよ」と傍から言い聞かせても、簡単には頭を切り替えることはできない。そんな人には「ルーティンをつくっておいた方がいいよ」とアドバイスしたい。ルーティンを持っておくことで、強制的にリセットするきっかけになるからだ。

どういうことかといえば、例えば、いま手がけている仕事が完璧に仕上がらず、70点の評価だったとしよう。「30点も落としちゃった」とふさいでしまっては、引きずるばかり。そこで、いったん終業の午後5時の鐘を聞いたら「はい、終わり」にする。

それからいきなりお酒を飲みに行ってもいいし、サッサと職場を離れてジムで運動したっていい。ナイターの野球観戦でも、歌って帰ってもいい。趣味のピアノで気分転換してもいい。要するに、強制的にリセットするパターンをつくっておくことなのだ。

今日は70点でも、それはそれ。明日また新たに取り組めばいい。“Tomorrow《トゥモロー》 is《イズ》

another《アナザー》 day《デイ》” という曲がある。必ずいい明日はやってくるものさ。そうなれるよう、今日という日を持ち越さない手だてを用意しておくと楽なのだ。

自由時間に趣味のピアノを演奏して気持ちを切り替える。ユーチューブで「ふるさと」「ノーサイド」「別れの曲」などを地球に届けた。

心と体の安定を目指して

宇宙空間で「心身の安定」を追求する

わたしは３度の宇宙飛行を経験するなかで、「どうしてわたしは宇宙に行くのか」といつも自分に問いかけていた。この一種の哲学的ともいえるテーマを考えるようになった背景には、師匠と呼べる３人の存在がある。

ひとり目はジャーナリストの故・立花隆さん。高校生だったわたしを宇宙飛行士の世界にいざなってくれた『宇宙からの帰還』（１９８３年）をはじめ、立花さんは一貫して宇宙飛行士の強烈な宇宙体験が人間の内面世界にどういう影響を与えるかを追究していた。実際にわたしが宇宙から戻ってから直接お話しする機会に何度も恵まれたが、「生と死」の境界線を見極めようとする真摯な姿勢に感銘を受けたのを覚えている。

もうひとりは、先輩の毛利衛宇宙飛行士。地球環境や生命のあり方を深く考察し、『宇宙から学ぶ――ユニバソロジのすすめ』（２０１１年）という一冊を著している。

３人目は、公益財団法人「国際高等研究所」（京都府木津川市）フェローだった木下冨雄京都大学名誉教授。これからお話しする「宇宙での心身の安定」について研究を指導してくれた恩師である。

わたしが1回目の宇宙飛行（２００５年）を終えたころから、ＪＡＸＡでは国際高等研究所と共同で、哲学や心理学、宗教学といった人文・社会科学の視点を取り入れて「人間と宇宙」をテーマに研究を行っていたことがある。この中で、「いかにして人間は宇宙で安定するのか」という研究課題が持ち上がった。

地上では心身の安定は重力の影響を大きく受ける。座禅のポーズを思い浮かべるといい。その姿はおよそ三角形で、足を組んでできた底辺があり、その底辺の中心点からまっすぐ上に伸びた位置に頭がある。

つまり、頭からお尻の辺りまで貫く体の軸が、足を組んでいる地面に対してまっすぐ立っていて、重力ベクトルと一致している。こうなると体は安定した状態になり、それに伴って心も安心感を覚え、安定につながると考えられる。

では、重力ベクトルが効かない宇宙の無重力空間ではどうか。わたしは2度目の宇宙飛行（２００９～２０１０年）の際、国際宇宙ステーションの日本実験棟「きぼう」内で座禅を組み、目を閉じて瞑想《めいそう》する実験を行った。

まず、座禅を組むこと自体が大変だった。足を組んで安定した底辺をつくることができるのは、地上において重力が両足をぐっと押し下げて固定してくれたおかげで、無重力下ではその力が働かず、なかなか足を組み切れない。腕で足を押さえないと、両足は動いてしまう。

ようやく座禅のポーズが決まると、三角形の形をした体はふわっと浮かび上がった。そのとき、目を閉じていたわたしは、自分自身の軸がしっかりと定まり、ひとときの安定感を覚えた。と同時に、地上で飛び上がった状態を想起した。やがて体は足の方から落下するに違いないと思い、どうやって着地したらいいのか、と組んだ足の行方に気を取られていた。

ところが、浮いた体には重力が働かない。やがて、体は斜め右方向へゆっくりと漂い始めていた。目を閉じて、位置感覚を失ったわたしは、体の行方が分からなくなり、不安がよぎった。そのときだった。

「しまった」

わたしは、頭から地面にたたきつけられたような感覚を覚えた。頭から逆さの状態で地面に落下したものと思い、つい頭を手で覆ってしまったのだ。

実際には、浮遊した体は頭の右側から壁面に向かってゆっくりとぶつかっただけだった。だが、心の内では「首を骨折したんじゃないか」と恐怖を感じていた。

このように、宇宙空間では、体の軸が決まって安定した状態にもかかわらず、地上とは勝手が違い、決して内面の安定には寄与しないことがうかがえた。

地上のテレワーク環境ではどうだろう。外界の騒音をシャットアウトし、ひとりで家の中にこもった状態にあるとき、確かに見慣れた空間にいれば、体は安定するのかもしれない。しかし、心は不安定になる。おそらく、目を閉じて宇宙空間を漂ったときの不安な気持ちと相通じるような気がする。

心の安定とは、身体的な問題よりも、ほかの人とつながっているという気持ちの問題に帰着するのかもしれない。逆に、煩わしい人と付き合うのを遮断することが安定を得る近道のことだってある。いずれにせよ、この問いかけには悩みが尽きない。

マインドフルネスの極意

アメリカで注目されている考え方に「マインドフルネス」(mindfulness)がある。これは、瞑想行為などを通じて脳をストレスから解放し、集中力をアップさせてさまざまな人間活動のパフォーマンスを向上させるというもの。ビジネス界や医療現場で話題になり、瞑想を社員の研修に導入している企業も出ているという。

こうした解説を聞くと、マインドフルネスとは日本語の感覚でいう「雑念を払う」「心を空っぽにする」と受け止められがちになる。

ところが、英語のマインドフルネスを「雑念を払う」という意味に捉えると、ストンと心に落ちてこない。なぜなら、マインドがフル状態になっているなら、頭の中は雑念でいっぱいになっているように聞こえるからだ。

おそらく、マインドフルネスとは、心が満たされて、良好な状態になっていることを指すのだろう。もう少し踏み込んで考えてみたい。

わたしがお寺で座禅を組んだときのこと。目を閉じて、雑念を追い払おうとするのだが、「今日この後、何時の電車だっけ」とか「週明けに面倒な会議があるなぁ」と余計な考えが浮かび、なかなか雑念は離れてくれない。「集中、集中」と言っているうちは何も始まらない。そんなかけ声自体が雑念なのだ。

そうこうしているうちに、モヤモヤと心を覆っていた雑念の黒雲をスーッと一陣の風が駆け抜けたかのように、ふと、雑念から抜けられる瞬間がある。

そのときだった。それまで聞こえなかったお寺の外の風の音が聞こえてくる。あるいは、本堂の端っこから漂ってくるかすかな線香の香りも明確に嗅ぎ取ることができるようになっている。

あらゆる知覚が覚醒され、周囲のささやかな刺激もどんどん吸収できる状態。五感がフルに働いて、周りの状況をあるがままに把握できる。もしかすると、これがマインドフルネスという状態なのではないだろうか。

宇宙飛行士は「シチュエーショナル・アウェアネス」(situational awareness)という言葉を好んで使う。「周りの状況をしっかり理解し、把握しておくこと」という意味だ。頭をすっきりさせて、周りの状況をあるがままに受け入れられる状態にしておく。そこから柔軟な発想が生まれ、新しいアイデアが生み出される。まさに、マインドフルネスに通じる考え方が宇宙の世界にもある。

宇宙で楽しめる本と音楽

今回の宇宙滞在では、パソコンでストリーミングができる環境に恵まれたので、オンライン上で本や動画を楽しんだ。最近は便利なもので、ネットで見逃し配信の仕組みが整っていて、日本のテレビ番組だって観ることができる。金曜の夜は食卓を囲んでみんなで映画を観るムービーナイトも楽しんだ。宇宙関連の映画もあれば、ディズニーチャンネルで映画「アベンジャーズ」のようなヒーローものやコメディまでジャンルを問わず観たものだ。

一方、わたしが宇宙に持参した書籍は、読書をしたいというよりも、手元に置いておきたい思い出の本ばかり。1983年に出版されて高校生のわたしを宇宙飛行士の世界にいざなってくれた立花隆『宇宙からの帰還』初版本。そしてスティーブン・ホーキング博士『A Brief History of Time』（邦訳『ホーキング、宇宙を語る』）の英語初版本は、ブラックホールについて書かれたもので大学時代に衝撃を受けた本だった。

ほかに、岡倉天心『茶の本』と世阿弥『風姿花伝』。わたしは1回目の船外活動をめぐって人間の「所作」について考えるところがあった。そこで、再び宇宙に行くにあたって日本人の古来の知恵はないかと考え、ひとつは茶の世界、もうひとつは能の世界と思い、2冊を持参した。

そして音楽。今はストリーミングの時代なので、パソコンを使っていろいろな曲を聴き流すことができた。日本実験棟「きぼう」で終日ひとりになって作業をするときは、モーツァルトを流すようにしていた。心が落ち着いて、作業に身が入る。

ロシアのチャイコフスキーもプロコフィエフも大好きだが、とくにプロコフィエフの曲をかけているとつい力が入り、気が散っちゃって仕事にならない。盛り上がって、自分で指揮まで始めてしまう。だから、邪魔にならないモーツァルトがいい。

その対極になるが、日本人女性3人組・Ｐｅｒｆｕｍｅ《パフューム》のエレクトロポップもよく聴いた。Ｐｅｒｆｕｍｅの曲を流していると、ほかのクルーたちが近くを通るたびに寄ってくる。わたしがクラシック好きだと思ってやってきたら、ポップな曲を聴いているものだから、「何これ。いいじゃん！」とノリノリになったのを覚えている。

寝られるときに眠るのが鉄則

国際宇宙ステーションにやってきた当初はなかなかうまく睡眠がとれなかった。旅行と同じ理屈で、慣れない枕ではなかなか寝付けない。睡眠時間は究極のリラックスタイムだから、心身ともに落ち着かないと眠れないものだ。しばらくは浅い眠りの日が続き、ぐっすりと眠れるようになるまでに２週間はかかった。

わたしの寝室は、居住モジュール「ＮＯＤＥ２」にある個室。電話ボックスひとつ分くらいのこぢんまりとした空間である。観音扉になっていて、閉め切ると外部の音がほとんど聞こえない。それでも宇宙船内には機械が多いから、どうしても騒音や光が気になるクルーは、眠るときに耳栓とアイマスクを着用している。

寝袋は個室の壁面に貼り付くように置かれている。両手も外に出せるから身動きがしやすい。密着バンドで体を固定することもできる。枕付きだ。

寝具そのものは、あまり凝る必要はないとわたしは思っている。無重力だから背中が当たって体を痛めることもないし、空調のおかげで寝汗もさほどかかない。地上の寝具のように、クッション性や通気性を追求する必要は、ここ宇宙空間ではあまり感じられない。

それよりも、寝られるときに眠ることが、何より大事。寝坊することがあってもいいと思う。朝礼が始まって慌てて起きてくるクルーもいる。「あれ、なんで寝坊しちゃったんだ」みたいに言い訳して顔を出してくる。そんなことがあったっていい。

休日は、人によって、昼まで寝ていることもある。寝られるときにしっかり眠っておく。いざというときのための鉄則だ。

ちなみに、宇宙滞在中の日課に「昼寝」は取り入れていないのだが、地上ではどんどん導入したらいいと思っている。パワーナップ（power nap）といって、昼下がりの時間帯に積極的に仮眠をとると、午後の作業効率が上がることもいろいろな研究から明らかになっている。日本の企業でも取り組んでいるところがあるようだ。短くてもいいから、時間を見つけて眠れる工夫はあっていい。

1日の終わりに、キューポラでリラックスの時間。3回目のフライトでも座禅を組んだ。

第4章　宇宙旅行は夢ではない！

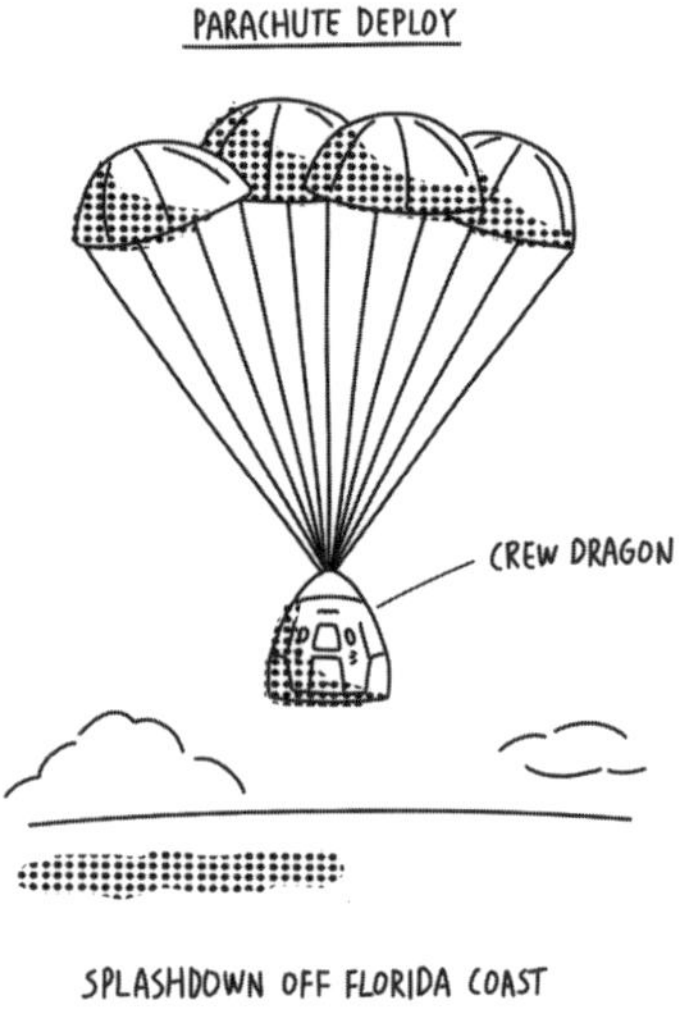
PARACHUTE DEPLOY
CREW DRAGON
SPLASHDOWN OFF FLORIDA COAST

民間人が宇宙を飛んだ日

クルードラゴン「インスピレーション４」の衝撃

２０２１年９月18日午後７時すぎ。３日間にわたる宇宙飛行を終えた新型宇宙船クルードラゴンは、アメリカ・フロリダ州沖の大西洋に着水した。宇宙船のハッチが開くと、中から元気な姿を現したのは、アメリカ人実業家とその招待客のあわせて４人。いずれも民間人だった。

地球の周回軌道を民間人だけで回るという世界初の快挙を成し遂げたのは、わたしが３度目の宇宙飛行から戻ったわずか４カ月後の出来事。

このクルードラゴンは、わたしの搭乗した初号機を再利用した。事前に改修プランを聞いたわたしは、宇宙滞在中の４月、地上のみなさんに向けてその秘密を明かしている。

「自動車のサンルーフのようなガラスを付けて、宇宙を眺められるようにするんですよ」

予告していた通り、実際の改修機には、大きな窓ガラスが取り付けられ、宇宙を眺めやすい観光用にアレンジされていた。

　この改修機の通った周回軌道は、国際宇宙ステーションの地上約４００㎞よりもずっと高い５８５㎞に到達。しかも、ＮＡＳＡとスペースＸの管制センターから遠隔操作による夢の自動操縦を実現した。

　飛行中の４人は、宇宙の環境が人体に及ぼす影響を調べる研究のために心拍の計測や採血を行ったり、ウクレレ演奏や絵を描いたりする様子をインターネットで中継して地上に届けた。

　今回の飛行の通称は「インスピレーション４」。乗り込んだ４人の中には、幼少期にがん治療を受けて現在も体内に人工器具を装着した29歳の女性が含まれていて、今後、リスクを抱えた民間人でも宇宙に行ける可能性も確かめられた。こうして、本格的な民間宇宙旅行の幕は切って落とされたのだ。

宇宙観光にシフトするクルードラゴン

わたしが搭乗したクルードラゴン初号機をあらためて思い返すと、今日《こんにち》の民間宇宙旅行時代を徹底して意識したつくりになっていたとつくづく思う。

ISSへ向かうクルードラゴンの船内で。大きくとられた窓からは外の景色が楽しめる。

白と黒を基調にしたスタイリッシュな内装はもちろんのこと、コックピットにはボタンや計器類がなくなり、タッチパネルだけのシンプルなつくりになった。昔のスペースシャトルの操縦席に並んだ３０００個ともいわれるスイッチの機能が、宇宙飛行中の場面ごとにタッチパネルに表示され、一定の訓練を受ければ民間人でも対応可能な操縦性を確保していた。

これには理由がある。例えば、打ち上げのときにはロケットの出力に関する操作画面がパネルに表示されるだけでいい。宇宙船が国際宇宙ステーションにドッキングするときには、接続に伴うトラブルに備えて船内温度や湿度といったデータが分かればいいし、逆に離脱するとき、国際宇宙ステーションとの間で電源や通信システムが正確に切り離されたかどうかを確認できる画面表示があれば十分なのだ。

クルードラゴンのコックピットは、タッチパネルで操作できるようになっている。

かつて、複雑な操縦を強いられたコックピットは、いまやタッチパネルの画面表示に従って指一本で操作できるスマホ感覚になった。

こうしたスタイリッシュな室内とシンプルな操作画面を備えることで、「これ、乗ってみたいな」「カッコいいな」と人々に思わせるセールス上の利点がはっきりと伝わってくる。

そして、宇宙観光に欠かせないのが、船外の景色を楽しむための大きな窓。宇宙船は帰還するときの大気圏突入で３０００℃くらいの高熱にさらされる。本来、窓のような開口部はできるだけつくりたくない。

しかしスペースXのこだわりはすごい。２０１２年ぐらいからコンセプトモデルを何度も出していて、当初はあちらこちらに窓が開いていた。ただ、無理をしすぎたのか、わたしの搭乗したクルードラゴンは窓が限られ、外側から見ると窓の形を残した金属パネルが何カ所にもはめ込まれていた。設計段階で窓を取り付ける予定だった場所。試行錯誤した名残だった。

宇宙観光旅行を意識しているのだから、当然だろう。宇宙観光が一般的になってくると、地上と同じように普段使いのスマホ機能や大きなサンルーフの窓でもつくらないと観光客は満足できない。宇宙事業はそんな時代に入ったのだ。

民間の宇宙飛行ラッシュ

もうひとつ、宇宙飛行の歴史を塗り替える〝事件〟が、すでにアメリカで起きていた。

２０２１年7月、ヴァージンギャラクティックの「スペースシップ2」と、ＩＴ大手のアマゾン創業者ジェフ・ベゾスを乗せたブルーオリジンの宇宙船が、相次いで高度１００㎞クラスの宇宙飛行に成功し、世界中がわき立ったのだ。スペースXの「インスピレーション４」よりも２カ月前の快挙だった。

　こちらの飛行方法は「サブオービタル飛行」と呼ばれ、大気圏と宇宙空間の境目に当たる高度１００㎞あたりを飛んで、数分間程度だが、ふわっと浮かぶ無重力を体験した後、そのまま地上に戻ってくる旅である。

　当時、地上に帰還していたわたしは、メディアのインタビューに応じ、宇宙観光ビジネスについて「価格破壊のような変化がもうすぐ起きる」「野口と行く宇宙の旅、０泊６日もできる。１日でオーロラとカリブ海のサンゴ礁と、ヒマラヤ山脈を見ることができるのは宇宙旅行しかない」と商業飛行に期待を寄せた。

　実際、訓練や健康診断はわずか３日間と手頃で、１人25万ドル（およそ２８００万円）ともいわれる料金さえ価格破壊を起こせば、一般の人々も夢の宇宙旅行を手にすることが可能となる。

　アメリカでは、このふたつの宇宙飛行のことを「来るべくして来た」と捉えている。両社とも10年以上にわたって成果を重ねてきたからだ。

意外と知られていないのだが、ブルーオリジンのロケットはまっすぐ打ち上がってまっすぐ着陸する。この垂直離発着はスペースXが有名だが、実は、ブルーオリジンの方が先に成功している。

ヴァージンギャラクティックは、２００４年に規定の条件を最初にクリアし、高度１００㎞の有人宇宙飛行に民間として初成功した「スペースシップワン」の流れを継承している。実績から見ると、スペースXよりも早く宇宙に足がかりをつくっていた会社といえるのだ。

こうして、プロの宇宙飛行士ではなく一般の方々も宇宙に行けるようになったわけだが、意外にも、日本では取り上げ方がちょっと弱いというか、雲の上の出来事のように静かな受け止め方のようで、わたしにはそれがひどく印象的だった。

こういう話題はよくテレビ局でも取り上げられる。宇宙開発の最前線を訪れて「いつ宇宙に行けるんだ！」と。ヴァージンギャラクティックに15年以上前から日本人サラリーマンが「宇宙に行きます！」と申し込んだという話が、いまでも繰り返し取り上げられる。

もし、わたしがテレビ局から「いつになったらわたしたちは宇宙に行けますか」と聞かれたら、「２０２１年の7月。もうその答えは出たんです」と言い切るだろう。

紛れもなく、これで誰でも宇宙に行けるようになった。料金さえ払えば、本人の資質や経験や高邁な理想を掲げなくても行ける場所に宇宙がなってしまったのだ。

気になる料金も、民間主導で進む限り、企業間競争が起きて価格破壊は必ず起きる。プロの宇宙飛行士やお金持ちだけの世界では決してない。

スペースXが仕掛けた宇宙革命

驚きの1社生産体制

クルードラゴンを生んだスペースXは、２００２年にイーロン・マスクが立ち上げたアメリカ航空宇宙産業屈指のベンチャー企業だ。スペースX（ＳｐａｃｅＸ）は略称で、正式には Space《スペース》 Exploration《エクスプロレーション》 Technologies《テクノロジーズ》 Corp.《コープ》 という。

本社ビルや工場の所在地は、航空宇宙産業の集積地として知られたカリフォルニア州ロサンゼルスの郊外。もともとあった古い倉庫を再利用していて、スペースXのコスト思想をそのまま体現した拠点となっている。

広大な敷地には、電気自動車大手「テスラ」のビルや倉庫群もある。本社内には、打ち上げの中継でおなじみのガラス張りの管制室がある。その前には宇宙から帰還した焦げ跡を残すドラゴン貨物船初号機が誇らしげに天井からつり下がっているのが印象的だ。

スペースXという企業の特色をひと言で言うなら、機体の設計やデザイン、ソフトウエア開発や実際の部品製造と機体の組み立て、そして打ち上げとその後の運用までも自社でまかなっている驚異の1社生産体制だろう。

往年のスペースシャトルなら、全米各地のメーカーから持ち込まれた多種多様な部品を使い、まるでパッチワークのように組み立てる。この作業には実に膨大な時間やコストを要した。あの当時を思うと、スペースX1社による一貫生産体制は、

スペースXのCEOイーロン・マスク。電気自動車「テスラ」の共同創設者でもある。

まさに画期的な出来事であり、わたしたちを実際に驚かせるようなこともしてみせてくれた。

具体例を挙げよう。クルードラゴン初号機の打ち上げ２週間前、わたしたちクルー４人は実物に乗り込み、テストに臨んだ。

座席に座ってみると、足元に備わっているフットレストは手動の収納式。レバーを操作してみると、椅子本体とフットレストとのかみ合わせが非常に硬く、なかなか動かせない。これはまずい。クルードラゴンは地上から垂直方向に発進し、途中から水平飛行に入る。足を預けるフットレストの位置が変えられないと、体勢をその都度整えられない。

不具合を指摘すると、スペースXの作業員がその場にやってきて、図面と実際の寸法を突き合わせ、即座に改修作業に入った。翌日、思い通りにフットレストを動かすことができていたのには、クルー全員が驚いたものである。

従来の航空宇宙企業なら、製造現場と本社のエンジニアの拠点が離れ離れになっている上、まず原因を追究して方法を検討し、多くの人の了承を得てからようやく部品をミリ単位で改修するという段取りを経ないといけない。スペースXのようなスピーディーな対応はあり得ないのだ。

これほどまでに優れた機動性は、部品製造の多くを内製化した結果である。しかも、これまで手作業で行われてきたロケットエンジンなどの部品製造に、精度の高い3Dプリンターをはじめとする最新技術を用い、コスト削減も実現できているようなのだ。

外壁に使う炭素繊維強化プラスチック（Carbon Fiber Reinforced Plastics）のような複合材まで自社製だというから驚きだ。これは炭素繊維で樹脂を強化した複合材で、高い強度と圧倒的な軽さが特徴だ。よその航空宇宙企業なら、複合材を自社で製作などせず、下請けに出した方が楽だと考えるだろう。

このように、スペースXの内製化の発想は細部にまで行きわたり、各部門が少量生産に特化したオーダーメイドにこだわりをみせている。

こだわりといえば、何度もスペースXに足を運んでいるうちに、わたしは興味深い部門の存在に気が付いた。

そもそも機体メーカーというのは、一種の金物工場みたいなものだろう。なのに、スペースXの敷地内には、宇宙服の縫製工場まである。そこでは、意外にも多くの日本人女性が働いているのだ。

そういえば、アジア系の女性は、昔からニューヨークのチャイナタウンで縫製業を支えていて、「ファッションビジネスはアジアから」ともいわれたことがある。スペースXの工場で働いている日本人女性たちが、あの軽くてスタイリッシュな宇宙服をつくってくれている事実がある。

ちなみに、スペースXの創業者イーロン・マスクは南アフリカ共和国出身の移民。17歳でカナダに単身移住した後、アメリカにわたってペンシルベニア大学で経済学と物理学を学び、今日の地位を築いた立志伝中の人物だ。

わたしが初めて彼に出会ったのは２０１６年。わたしから「最初にクルードラゴンに乗る外国人はわたしだから」と話しかけると、キョトンとされたのを覚えている。ここは実力さえあれば、栄冠を手にすることができる世界だ。わたしもあれから訓練を積み重ね、搭乗を実現させた。宇宙は限られた人たちのものではなく、広く世界に開かれた場所だとつくづく感じている。

イーロン・マスクとともに。©Soichi Noguchi

赤子扱いされたスペースX

スペースXが最初にロケットを打ち上げたのは、創業から4年たった２００６年。人工衛星を積んだファルコン1ロケットは、打ち上げ直後にエンジントラブルに見舞われ、海に落下した。翌２００７年に打ち上げられたファルコン1は、完全には軌道に到達できなかった。２００８年の3度目も、打ち上げ後のロケット切り離しに失敗した。同年中に実施した4度目の挑戦で成功し、ロケットを軌道に乗せた初の民間企業という栄誉を得た。２０１０年には無人貨物船の試験飛行にも成功したが、評判は決して芳しくなかった。

当時、すでにＪＡＸＡは無人貨物輸送船「こうのとり」の打ち上げに成功し、運用を本格化していたし、ヨーロッパの宇宙機関が開発した「ＡＴＶ」という無人貨物船も活躍していた。ライバルがしのぎを削る分野で、スペースXは後塵を拝していた。

しかも、失敗を繰り返すスペースXに、当時のＮＡＳＡは必死で待ったをかけた。「ペースが速すぎる。もっとデータを確認したい」と。全ての危険性を排除したいというＮＡＳ

Ａの思惑に対し、スペースＸは「もうこれでだいじょうぶなのに」とぶつかることがあったと聞く。わたしを含め、ＪＡＸＡのメンバーも「この感じだと、スペースＸの将来が心配」と案じたものだった。

しかしスペースＸはしたたかだった。貨物分野から取り組んだのは、人命を心配することなく打ち上げることができるからだろう。失敗から実地に学ぼうというイーロン・マスクらしい現場哲学だったと思う。

海上にポチャッと落として貨物用カプセルを回収し、再利用する方法を繰り返し試したのもそのひとつ。スペースＸは貨物分野で場数を踏み、再利用を試しながらコスト削減策を追求して、有人飛行の領域へと道を自ら切り開いたのである。

その後も、２０１５年にロケット1基が発射直後に爆発して貨物船を破壊してしまったし、翌２０１６年にもファルコン9ロケットの燃焼テスト中に爆発を起こし、ＮＡＳＡ当局の不安は尽きなかったが、スペースＸは事故が起こるたびに原因を特定し、問題を解決して、ＮＡＳＡを説得した。

何よりも、全てのデータを調べ上げてその技術の安全性を検証することにとどまるよりも、起きた問題を解決できるよう新たな技術開発によって次なる一手を繰り出す方が先ではないか。それが〝スペースX魂〟に違いないとわたしは受け止めている。

スペースXが誇る三つの〝民間力〟

スペースXを10年にわたって間近に見つめてきたわたしが思うに、その強さは三つに集約される。

ひとつは「イノベーション」（innovation）、つまり革新的であること。スペースXのような新興企業が参入する前、宇宙産業はボーイングやロッキード・マーチン、ノースロップ・グラマンといった巨大企業がひしめき、幅を利かせていた。「宇宙はそんな簡単に成功できる世界じゃない」と高くそびえる壁となり、新興企業の前に立ちはだかった。

「宇宙はとにかく危険で、複雑なシステムが必要。大勢のエンジニアが高度な工学知識を駆使してようやくものにできる世界なんだ」というわけだ。その意味では、宇宙産業は非常に保守的なアプローチが求められていて、かっちりと確認に確認を重ねる手法をよしとする価値観に支配されていた。だから非常にコストもかかった。

そこへ、スペースXはイノベーションを起こした。従来の手法にとらわれず、まず目的を設定した上で、達成するために何をすればいいのかという「タスクオリエンテッド」(task-oriented)という考え方を持ち込んだ。目的達成のためなら従来の過程にとらわれない柔軟な発想に基づいた企業運営が信条なのだ。

ふたつ目は「アジャイル」(agile)。アメリカの企業でよく聞く言葉だ。クイックネス(quickness)と言い換えることもできる。機敏で、迅速であること。意思決定の素早さもさることながら、資金調達と製造ラインの管理、運用体制もひっくるめたあらゆる面でアジャイルなのだ。

もちろん、それができるのは組織がスリムだから。間接部門は余計なのだ。現場にいろいろうるさいことを言ってくる本社の管理部門をイメージしたらいいだろうか。スペースXには、そんな人たちはほとんどいない。おかげで、現場主義が行き届いている。

現場でモノをつくってみたら、何かおかしいと感じることがある。設計がまずいのか、製造がまずいのか、そもそもの開発の指針となる「要求仕様」がおかしいのか。そんな検討がスペースXではパーッと一気に進む。スリムな組織が同じ建屋内にあることで上下の連携が直接的で、かつ濃密。これがスペースXには欠かせないポイントだと思う。

そして三つ目が、「ラジカル」（radical）。とにかく変化をいとわないこと。これは日本の会社には耳の痛い話だと思う。

日本は従来のことを変えることに保守的で、「変えたら失敗するかもしれないけどやってみよう」「失敗するからこそ次の成功があるんだ」というマインドが弱いのだ。冗長な社内稟議に余計な時間と労力をかけすぎる。日本の会社は、あまりにも社内調整が多すぎるのではないか。問題があったときに社内の報告書をつくったり、役員への説明に何カ月もかかったりしてしまう。

スペースXは、そんなことをしている間に新しいモノをつくり、テストを成功させて「もうできちゃいました」みたいなペースで開発を進める。失敗を隠すのではなく、積極的に公表して次に生かしてしまう、ものすごい進取の精神に富んだ企業なのだ。

スペースシャトルとソユーズの時代

全米をさまよったスペースシャトル

アメリカの国家事業として取り組んだかつてのスペースシャトル計画は、実は、アメリカの宇宙産業育成のためにやっていたという側面がとても強かった。国内には各州に有力な上院議員たちがいるから、「なんでうちにスペースシャトルの製造工場がないんだ」と政府に要請が相次いだのかもしれない。そう思わざるを得ないほど、各州から数多くのメーカーが部品を卸していた。その部品数は２５０万個ともいわれたものだ。

部品にはそれぞれに違ったメンテナンス方法があり、部品が多いほど、故障した場合の対応が非常に煩雑になる。ＮＡＳＡは全体の設計責任を負っているから部品の全てに承認を出しているが、製造ノウハウはそれぞれの会社が握ったままだ。

だから、図面さえあればＮＡＳＡが自前で部品をつくってしまえばいいのだが、それができない。バルブ1種類つくるにしても、使うのは4個だけなのに、部品メーカーは念のため20個卸し、壊れたときのために巨大な倉庫に置いておく。

象徴するエピソードがある。スペースシャトル・チャレンジャー号の事故が起きた1986年、失った1機の代わりを新しく製造する必要に迫られたのだが、後継機をつくるのに交換用にストックしておいた部品だけでできてしまった。つまり、1機つくるのに十分間に合うほどの交換部品を倉庫に寝かせておいたわけだ。

部品の問題だけではなかった。スペースシャトルは宇宙から帰ってくると、再飛行のために点検作業を行う。そのために、メインロケットエンジンならアラバマ州、固体ロケットブースターはユタ州、スペースシャトルオービター（宇宙船本体）はカリフォルニア州ロサンゼルスで整備した。大きな機体を全米のあちらこちらに運び、まるで各地をさまようように移動する風景は、ある意味、滑稽でもある。

しかし、それが全米各州に利益をもたらすことになるわけだから、政策として別に悪いことじゃない。ただ、宇宙船をシンプルに運用するという点において当時の体制はあまりに複雑で、時間もコストも自ずと高止まりの状態が続いたのだ。

ソユーズの製造思想

わたしが2回目の宇宙飛行（2009～2010年）のときに搭乗したロシア製ソユーズ。これはスペースシャトルとは真逆の製造思想があって、面白い。

ロシアは「枯れた技術」を使うことにたけている。ソユーズはこれまでに改良型がいくつも登場しているが、古くから使われた技術を大事に何度も利用しているため、開発された1960年代から基本的な設計は同じだ。

設計は古いから、船内に設置した機械がシンプルになることはあまりない。配管も従来通りいっぱい走っている。冷却水用のものも含め、手回しのバルブがいっぱいある。もしも水漏れが起きたなら、手で締めるのが早い。これは、ロシアの家や古い車の設計に非常に似ている。何かあったらともかく手で閉めろ。故障したら、必要なだけ部品を交換しろ。そういう感じのつくりになっている。

船内の造作には金属の軽いアルミを主に使い、複合材みたいなものはほとんどなかった。きれいな曲面とかスタイリッシュさはない。カクンカクンと四角く出っ張っている。でも、コストは安い。

そしてソユーズは、毎回使い捨てなので、次に飛んでいくときは必ず新品だ。毎年２機の新品をつくり続けている。だから、設計は古いけれども、製造技術は半年ごとにアップデートしている。「技術として枯れている」というのはこの意味であって、物は新品なのだ。意外にも、タブレット端末やＷｉ‐Ｆｉといった流行の技術もちゅうちょなく取り入れるところもロシアの特徴だろう。

ただ一点、ソユーズには難点があった。身長制限だ。おそらく１９６０年代に宇宙に飛んだ宇宙飛行士ガガーリンのころのロシア人の標準サイズを基準にしたに違いない。上は１８２㎝まで、下は１６４㎝以上。この身長制限が長らく続いたせいで、特に日本人女性にとってロシアのソユーズは狭き門になっていた。

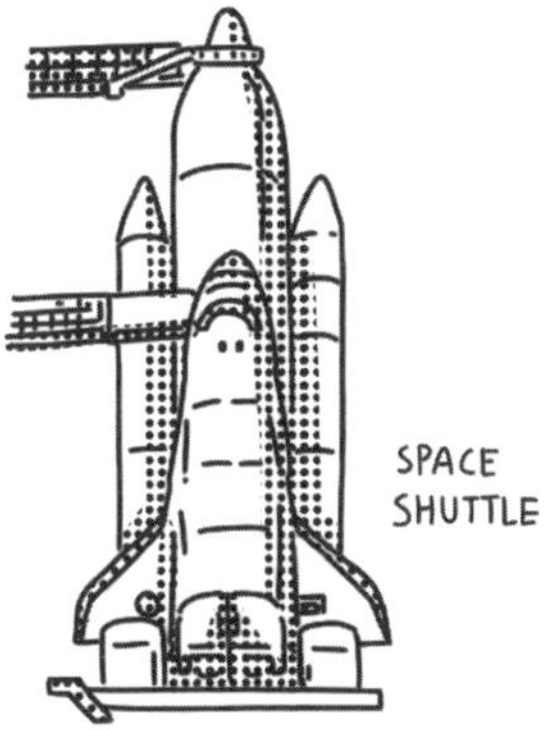

アメリカのスペースシャトルは、再利用可能な宇宙船として活躍。2011年退役。

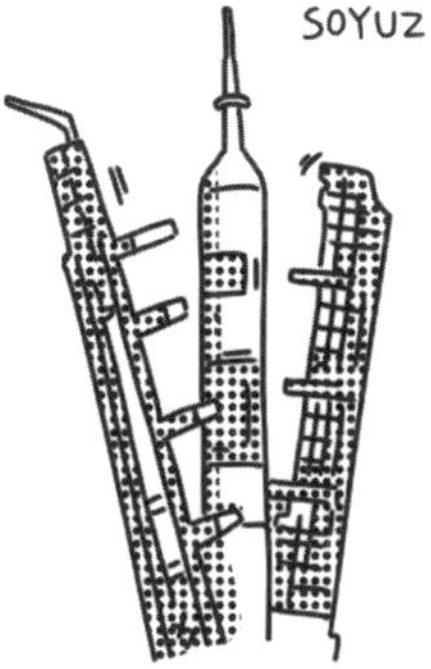

カザフスタンから打ち上げられる、ロシアのソユーズ。

「宇宙観光時代」の到来

国際宇宙ステーションとの往復旅行

スペースXが成功させた「インスピレーション４」の旅といえば、３日間かけて地球の周回軌道を民間人が楽しむ趣向だった。それをもうひとつランクアップさせたのが、民間人を乗せた国際宇宙ステーションとの往復旅行になるだろうか。こちらもすでに現実のものになってきた。

ロシア国営宇宙開発企業ロスコスモスは２０２１年10月、映画俳優と監督、宇宙飛行士の３人を乗せたソユーズロケットをカザフスタンのバイコヌール基地から打ち上げた。民間人俳優が宇宙で映画を撮影するのは初めての試み。国際宇宙ステーションにドッキング後、３人は12日間にわたる撮影に挑んだ。

外電によると、映画の仮題は「挑戦」。宇宙空間で意識を失った飛行士を女性医師が救出するというシナリオだという。ロシアの女優ユリア・ペレシルドが主演。宇宙飛行士役は同行のプロ宇宙飛行士アントン・シュカプレロフが演じた。ペレシルドさんは打ち上げ前の記者会見で「訓練は身体的にも精神的にもつらかった」と振り返り「感情的な俳優の仕事と宇宙飛行士に必要とされることは正反対だ」とも発言した。

わたしにはこの気持ちが痛いほど分かる。国際宇宙ステーションに滞在するためには、プロの宇宙飛行士並みの本格的な訓練が欠かせないからだ。民間人を受け入れるステーション側も緊迫していたと思う。トラブルがあれば、船長を務める星出彰彦飛行士（ＪＡＸＡ）を中心に対処することになるからである。

一歩遅れた形となるが、アメリカの宇宙企業アクシオムスペースも、２０２２年１月にアメリカ、カナダ、イスラエルの民間人４人を国際宇宙ステーションに運ぶ。このとき、わたしが搭乗したクルードラゴン初号機を改修して使う。

アクシオムのミッションは、国際宇宙ステーションに

プロの宇宙飛行士、マイケル・ロペス・アレグリア。

ドッキング後、宇宙で科学実験や教育プログラムに取り組むようで「観光客ではない」と説明されている。

船長を務めるのは、わたしの先輩でもある宇宙飛行経験豊かなマイケル・ロペス・アレグリア。プロの宇宙飛行士がガイド役として、宇宙旅行に旅立つ民間人の水先案内人になる。宇宙観光時代にあわせ、宇宙飛行士の活躍の幅も今後広がりそうだ。

月への挑戦

ＮＡＳＡは２０２１年４月、有人月面着陸を目指す「アルテミス計画」を実行に移すため、宇宙飛行士を月面に運ぶ着陸機の開発をスペースＸに委託すると発表した。

アルテミス計画は、アメリカの前トランプ政権下で策定されたもので、国際協力で月を周回する新たな宇宙ステーション「ゲートウェイ」を建設し、２０２４年までに女性を含むアメリカ人飛行士の月面着陸を目指すとともに、火星飛行も視野に入れた。

スペースＸが開発を目指すのは、月や火星までの飛行能力を持つ宇宙船「スターシップ」。スペースXの開発契約金額は28億９千万ドル（約３１４０億円）に上り、アメリカの期待度はいやが上にも高まる。

日本は、世界２カ国目の月面着陸を目指し、アメリカへの貢献をアピールしている。スターシップは、衣料品通販大手「ＺＯＺＯ《ゾゾ》」創業者の前澤友作さんが２０２３年に計画している月周回旅行にも使われる。日本でもおなじみの方もいるだろう。

思えば、「月」はいにしえの昔、日本人にとってかぐや姫伝説に象徴されるように、神々しい存在、決して侵してはならない場所だと考えられてきた。しかし、いまや日本人がロケットに乗って月面に到達する日も、決して遠い未来ではない。そうなれば、将来、かぐや姫が宇宙船に乗って月に帰るというストーリーに差し替わる時代が来るかもしれない。

民間投資と国家戦略

アメリカの宇宙産業は、ベンチャー企業として出発したスペースX、ヴァージンギャラクティック、ブルーオリジンの3社が圧倒的な牽引役になっている。これに加え、国際宇宙ステーションへの民間人ツアーに取り組むアクシオムスペースや超小型衛星の放出事業で活躍中のナノラックスがある。

この5社はいま、注目の的だ。これらは宇宙船そのものをつくる会社と、できた宇宙船を巧みに使いこなす会社に分けられる。いずれも、資金調達も含めた企業運営がうまく回っている会社ばかりだ。

日本でも１００億円規模で資金調達をしている宇宙ベンチャーはある。ベンチャーの要件は、高い技術力と開発インフラばかりではなく、それらを支える資金調達力も問われるだけに、お金の問題は避けて通れない。

しかし、できればもう1桁多い、１０００億円単位のお金が宇宙ベンチャーには必要ではないだろうか。現状を見ると、日本では、資金力のある大手重工メーカーが主体となって宇宙産業を推進する形が一般的なのかもしれない。

一方で、国の関与も日米間でスケールが異なる。先に触れたように、アメリカはアルテミス計画の行く末をスペースＸに託し、３０００億円以上の国家予算を付けた。

かたや日本では、科学技術分野の２０２２年度予算のなかで、①新型宇宙ステーション補給機、②「ゲートウェイ」への技術提供、③小型月着陸実証機、④火星衛星探査計画――の各研究開発事業を盛り込み、総額３８１億円を財務当局に要求するという。

こうした予算がアルテミス計画の一翼を担うのは言うまでもないが、国家事業として取り組むには、予算規模に少なからぬ違いを感じてしまう。どうしても、日本の場合、「官」の持つ力に頼りがちになる。だったら、日本のベンチャー企業が奮い立つようなインパクトがあってほしいと願う。

地球と宇宙の関係

どこからが宇宙なのか？ その明らかな境目はない。ただしアメリカ空軍は80kmから上を宇宙と定義づけ、一般には大気がほとんどなくなる100kmから上を宇宙としている。ちなみにわたしたちが乗る飛行機（旅客機）は、だいたい8~10km上空を飛んでいる。

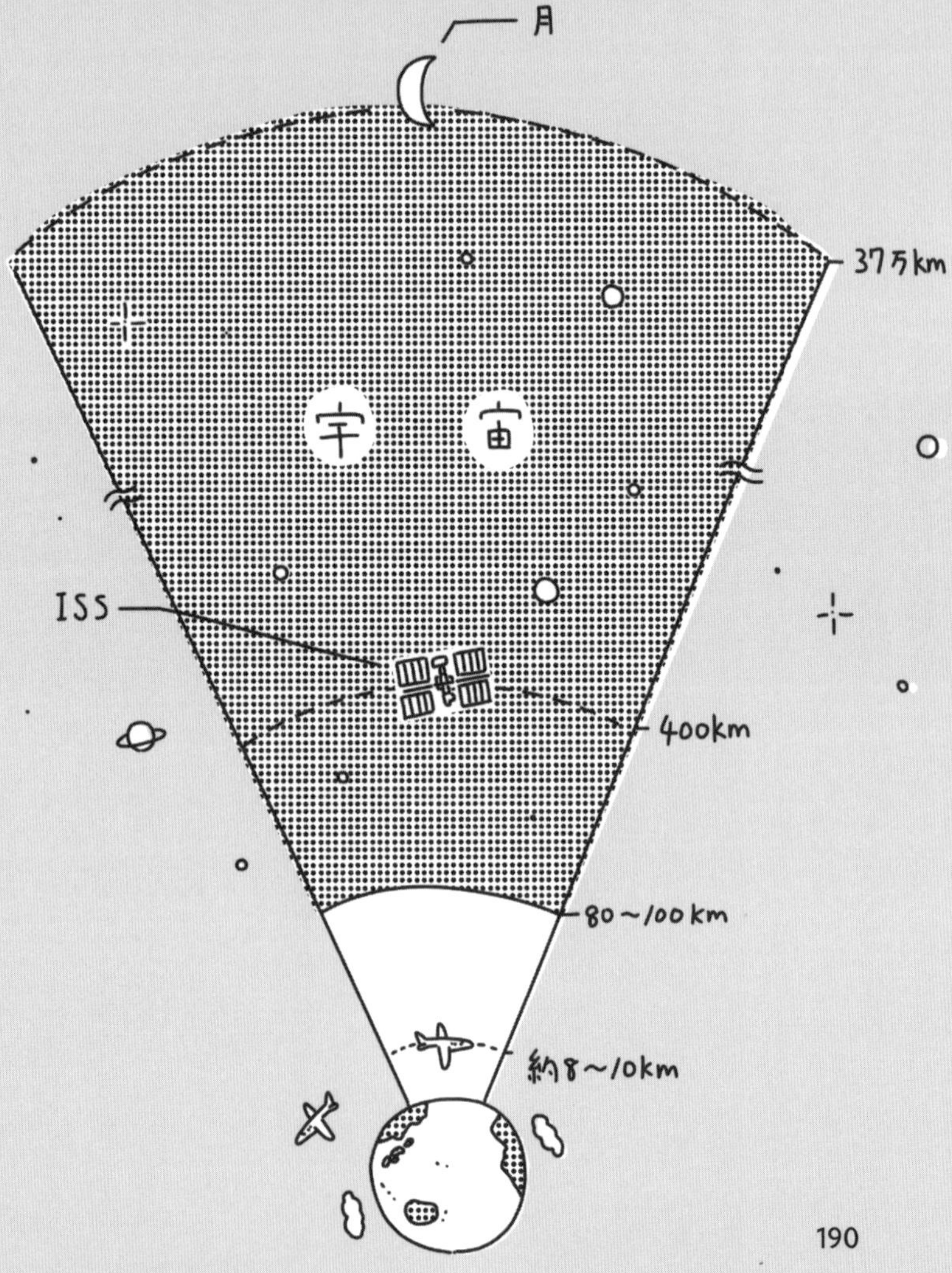

第5章　宇宙飛行士の内面世界を見つめる

宇宙からの帰還
立花隆

宇宙からの帰還者

日常に戻れない宇宙飛行士

「野口さん、お帰りなさい！」

　２０２１年７月９日。東京都内で帰国記者会見に臨んだわたしは、詰めかけたマスコミ関係者から無事の帰還をねぎらううれしい言葉を次々といただいた。なかには、こんな気の早い質問も飛んできた。

「野口さん、まだ帰ったばかりで申し訳ないですけれども、次に宇宙に行く機会があったら、何をしたいですか」

　質問を受けたわたしは「まさにいま戻ってきたばかりで」と苦笑いを浮かべながら、「宇宙にいるときには『早く地球に戻りたいなぁ』と思い、戻ってきた途端に『次はいつ行けるんだろう』と思う。もう過去３回繰り返しているんですが」と軽口をたたいて場内の笑いを誘った。そして、思い浮かぶままこう語っていた。

「次、何に乗れるかな。それは月に行く宇宙船かもしれないし、月に観光客をいっぱい乗せて飛ぶ観光宇宙船かもしれない。いずれにしても、いままでやってない、できれば違う宇宙船で再び地球の重力を振り切って外に出て行けるといいなと思っています」

おそらく、正直なところ、ここまで話すのがわたしには精いっぱいだったように思う。


3度目のフライトから地上に帰還しておよそ2カ月。一般的に宇宙飛行士の体は長期の宇宙滞在で筋力の低下や骨密度の減少がみられる。そこで、地球の重力に体を慣らしたり、栄養面でのフォローをしたり、45日間のリハビリテーションプログラムで身体機能の回復をさせたりしないと、すぐには地上の日常生活に戻ることはできない。

帰還した宇宙飛行士のなかには、体調ばかりではなく、宇宙ミッションに代わる目標を見いだせなくて精神に不調を来し、適応障害になるケースすらある。それだけに、帰還して間もなくは注意を要する。

わたしは、じっくりと時間をかけて、気持ちと記憶の整理をしようとしていた。次に何をするかを考えることも大事だが、いまやっておきたいこともある。それは、3度にわたる貴重な宇宙飛行を経験したわたしの内面をのぞき込み、そこにどんな変化が起きているのかを探ること。わたしは、それを見つけるために宇宙に行ったはずだからだ。

立花隆さんの訃報

クルードラゴンでの帰還を目前に控えていた4月30日、ジャーナリストの立花隆さんが80歳で亡くなった。

立花さんの著書『宇宙からの帰還』と高校生のころに出会い、宇宙飛行士を志すきっかけをつくってくれた。今回、クルードラゴンに高校時代に買い求めた初版本を乗せて一緒に宇宙を旅したくらい、片時も手放せない座右の書だ。立花さんがあと数年ご健在だったら、宇宙の旅を体験していただけたはずだった。今回のわたしのミッションで、ようやく民間宇宙旅行の扉が開かれたのだ。それだけに、立花さんの死は、悔やまれてならない。

わたしが立花さんと初めて会ったのは、２００５年の初フライト後の対談の席だった。宇宙体験をわたしがどういう言葉で表現するのか、真剣に聞いてくださった。どれだけ宇宙に滞在したのか、そこでどのような作業をしたのかといった記録は、ＮＡＳＡもＪＡＸＡも当然ながら残している。しかし、そのようなデータではなく、立花さんはその時々にわたしがどのように感じ、そのことをどう表現するのかに着目していた。宇宙飛行士の内面世界に迫り、その変化をたどろうとしていたのだ。

『宇宙からの帰還』が出版された当時（１９８３年）は、現役引退後の宇宙飛行士のほとんどがＮＡＳＡや航空宇宙産業にとどまっていたから、証言できる対象者は少なかったかもしれない。宇宙飛行士の内面的な体験をたどるという問題関心も決して熟していなかった時代だけに、精神面への影響をくっきりと浮かび上がらせたこの本は、画期的なルポとなった。

その当時の筆致そのままに、立花さんはわたしとの対談でもぐいぐいと迫った。

立花　『宇宙からの帰還』に書いたように、アポロ時代のアメリカ人宇宙飛行士の多くが宇宙で一種の意識の変容体験をしていました。それも宇宙船の中にしかいなかった人よりも、ＥＶＡ（船外活動）体験をした人、月体験をした人の意識の変化の方がずっと多かったようです。野口さんがＥＶＡ体験をした時、その印象を「自分は今地球のてっぺんにいる」と感じたと語っていました。あの時にそれに近い状態にあったのかな、と思いました。あのＥＶＡ体験中、何を感じていたのでしょう。（中略）

野口　結論から言うと、わたしの宇宙飛行の前後ではドラスティックな宗教的な目覚め、神の啓示といったものとは縁がありませんでした。しかし宇宙に行き外から地球を見るという経験は人を変えずにはいられません。（中略）窓越しに景色としての地球を「見る」のと、ＥＶＡで目の前にある地球を物体として「感じる」のとでは、リアリティが違う。（中略）地球と一対一で対峙しながら考えたことは、見渡す限りの星空の中で生命の輝きと実感に満ちたこの星は地球しかないということでした。

『中央公論』２００６年２月号53ページより抜粋

『宇宙からの帰還』は、宇宙飛行士にバラ色の未来が待っているとは限らないことも、若いわたしに教えてくれた。宇宙飛行士の内面の苦しみや挫折をリアルに伝え、そこから立ち直るドラマも描かれていた。それがわたしには幸いしたように思う。宇宙に飛び立つまでのわたしの道のりは、決して平たんではなかったからである。

大学生時代、スペースシャトル・チャレンジャー号の爆発事故（１９８６年）に遭遇し、宇宙飛行が決して安全な世界ではないことを思い知らされた。２００３年のスペースシャトル・コロンビア号の爆発事故では、宇宙飛行士の同期生や友人たちをあえなく失った。軽い気持ちで見送った仲間が帰還して来なかったという現実を突きつけられ、がく然としたのである。

わたしは、スペースシャトルの次のフライトに搭乗する予定だったから、自分にもこうした不幸は起こり得るのだと身につまされる思いにかられたのだ。

ＮＡＳＡのスペースシャトル計画はその後、２年半にわたって中断されている。この猶予期間がわたしにとって宇宙飛行と向き合える心の準備期間になった。もしも猶予なく次のフライトを命じられていたら、わたしはその任務から降りたかもしれない。実際、コロンビア号の事故直後、引退を表明する宇宙飛行士が何人もいた。

こうした不安をいつも抱えながら3度のフライトを重ねてきたけれども、立花さんの本が心の糧となり、困難を乗り越えられたといまでも思っている。

この本が教えてくれたことがもうひとつある。ＮＡＳＡやＪＡＸＡは「人類が宇宙空間のどこまで到達できるか」を追い求め、国家事業として成果を出すことを主眼に置いている。立花さんはその目的志向性にとらわれた宇宙開発に疑義を唱え、国家政策としての成果ばかりではなくて「宇宙飛行が人類にどのような精神的インパクトをもたらすのか」という視点からずっと問いかけを続けていた。宇宙開発の成果は、具体的にどういう形でわたしたちの精神的な世界に寄与しているのか。それを宇宙飛行士に繰り返し問うたのだ。

　その影響だろう、わたしが自分自身の内面世界を探求する研究をライフワークとするようになったのは。宇宙から帰還するたびに、自分の内面に起きた変化を立花さんのように正確に、分かりやすく伝えたいといつも心がけた。本書を執筆したいと思い立ったのも、立花さんの死去と向き合い、３度目のフライトで何が起きたのか、残しておきたいと思ったからである。

　なかでも、２度目のフライトの後に体験したあの心の葛藤がふたたび訪れるのか、わたしは自分自身に問いかけていた。

待ち受ける引退勧告

あれは、2度目のフライト（2009〜2010年）が終わった後のことだった。当時、滞在日数や船外活動は日本人最多を記録。やり尽くした感じがわたしのなかにあった。

1度目のスペースシャトルでの短期フライトは、自分自身でかなえたかった夢の実現であった。それに対して2度目の宇宙飛行は、ちょうど日本が威信をかけてつくり上げた日本実験棟「きぼう」が稼働し始めたころで、日本のプライドをかけた長期滞在ミッションであったといえるだろう。わたしはその期待に応えるべく、宇宙での約半年にわたるミッションを成功させていた。

そのころのわたしは、2度にわたる宇宙飛行を終えて、大きなものを成し遂げたという達成感に満たされていた。一方で、これから先にまだ目指すものはあるのか、まだモチベーションは続くのか、と自問自答する日々を送っていたのである。

実際、国際宇宙ステーションの長期滞在まで経験できたのだから、宇宙飛行士を辞める選択肢もあると意識していた。翌2011年にスペースシャトルが退役し、アメリカが自前の有人宇宙船を持たなくなると、わたしと一緒に訓練をしたアメリカ人宇宙飛行士の仲間たちは次々と引退していった。スペースシャトル計画が終わるというひとつの時代の節目に、確かにわたしは立ち会っていた。

　転職社会のアメリカでは、宇宙飛行士は職業のひとつにすぎない。わたしが宇宙飛行士候補者に選ばれ、ＮＡＳＡ宇宙飛行士養成クラスに入ったのはおよそ25年前。その後、同期生44人のほとんどは民間企業に転職し、その多くが成功を収めている。その転身ぶりに、うらやむ気持ちもないではなかった。

　宇宙飛行士の転職には、日米ともに共通する事情がある。ひと言で言えば、宇宙から帰還した宇宙飛行士の第二の人生をサポートする体制が手薄いということだ。宇宙に飛び立つ前の準備期間と飛行中は手厚いサポートに恵まれ、多くの人からも注目を浴びる。しかしミッションを終えて地上に戻ると、そこからはまるで忘れられた状態になってしまう。もちろん、ほかの飛行士のミッションを手助けする地上支援業務はあるが、引退の道を歩む人も少なくなく、そこから先は〝自助努力〟ということになる。

　わたしは、2度目のフライトを終えた2年後の２０１２年、アメリカ・ヒューストンから日本に戻り、テレビの報道番組でキャスターを務めたり、執筆活動に取り組んだり、第

2章で述べたように国際連合の仕事に従事したりした。

それでも、宇宙飛行に見合うだけの人生の目標が見つからず、模索が続いた。それはまさに、「燃え尽き症候群」ともいえるような長いトンネルの中をさまよう日々だった。

燃え尽き症候群と向き合う

当事者研究――自らの問題に正面から向き合う試み

2度目のフライト後に見舞われた体験を、当時、わたしなりに見つめ返したいと思うようになっていた。宇宙飛行士が経験するような極限状態が人間の内面にどんな変化をもたらすのか、そして地上に帰った後、日常生活に戻っていくにはどのようなプロセスをたどるのか。その道のりを探れば、「燃え尽き症候群」を乗り越えてその先の未来を見通せるのではないかと思い描いたからだ。

こうした動機から、わたしは東京大学先端科学技術研究センターに熊谷晋一郎准教授を訪ね、「当事者研究」というテーマの研究メンバーに加わることになった。熊谷准教授は、脳性麻《ま》痺《ひ》を患い、車椅子生活を送るようになった小児科医。障がい者という当事者の視点から果敢な研究テーマに取り組む研究者である。

「当事者研究」という言葉はまだ聞き慣れないかもしれない。その考え方はこうだ。

これまで、障がい者や難病を抱えた患者、あるいは薬物依存症に苦しむ人たちを対象にした研究では、研究は「専門家」である研究者がするもので、患者は「研究対象」、つまりモルモットと同じだった。しかしながら患者でなければ分からない苦しみ、悩みもあるはずで、それならば患者みずからが研究者となる必要があるのではないか。自分自身、つまり当事者として研究に加わり、専門家と一緒になって研究や政策の制度設計にアプローチしようという取り組みが「当事者研究」なのである。

熊谷研究室の「当事者研究」には、興味深いことに、障がい者や依存症と闘う当事者のほかに、わたしのような宇宙飛行士や、五輪・パラリンピックに出場したアスリートも参加した。

「当事者研究」のきっかけのひとつは、元バスケットボールオリンピック選手の小磯典子さんのアクション。小磯さんは医療系の学会で、みずからの経験に基づいていまのアスリートの健康問題にかねてより警鐘を鳴らしていた。

小磯さんによると、中学や高校の部活動で、監督やコーチに怒られ続けた生徒たちの身体は固くなり、試合や練習以外ではゾンビのようになってしまうという。勝敗だけにこだわる能力主義が行きすぎると、勝者への賞賛ばかりが社会にあふれ、試合に敗れた多くの敗者は陰の世界に追いやられてしまう。その結果、引退後に続く長い人生を無為に過ごしてしまう弊害が生まれるというのだった。

熊谷准教授によると、これがいわゆる依存症の研究結果と二重写しになるところが多いという。依存症になる人のなかには、幼少期に虐待を経験し、トラウマを持っている方が少なからずいる。虐待を受けると、自分が困っても身近な人に頼ってはいけないと思い、①自分自身の解決能力、②身近な物質、③遠くのカリスマ……という3者に依存するしかない状況に置かれるという。①は能力主義、②はドーピングにつながるもの、③は監督やコーチといった権力者を指すのは言うまでもないだろう。

では、宇宙飛行士はどうして研究対象になるのか。

熊谷准教授によれば、宇宙飛行士の訓練過程がアスリートのケースとオーバーラップするのだという。例えば、無重力状態での作業に慣れるため、本人に告げないままプールに何時間も放置されるという訓練があり、これがアスリートの猛烈なトレーニングと重なるという。また、漆黒の闇の中で船外活動をしたとき、手元以外はまったく見えなくて「この手を離したら宇宙の闇に吸い込まれる」と感じた情景が地上に戻ってからもフラッシュバックするという体験。これは、心に傷を負うアスリートのトラウマに通じるものがあるのではないかと指摘する。

わたしは一時期「世界宇宙飛行士会議」という世界中の宇宙飛行士の親睦団体の会長を務めていた。そのときに帰還後も日常生活に困難を抱える元宇宙飛行士の話を聞く機会があったので、熊谷准教授の考察は的を射ていると思う。熊谷准教授は「宇宙体験にはトラウマとよく似た経験があるかもしれないと考えて野口さんと一緒に研究を始めたが、訓練や養成プロセスなどは思いのほかアスリートの世界と近かった」と話している。

宇宙飛行士の内面を凝視する

なるほど、宇宙飛行士とアスリートが属する世界はとても似ているとわたしも思う。ともに国の威信を背負い、多額の予算をかけて育成され、プレッシャーのかかる本番を迎えると超人的な能力を発揮してミッションに取り組む。成功すれば、国民のみならず世界中の賞賛を浴びることになる。

ただし、本番が終われば、〝普通の人〟になってしまう。あまりにも落差の激しい日常に戻らないといけなくなり、将来のビジョンがなかなか思い描けない点もひどく似ていた。

わたし自身を見つめ直してみると、宇宙ミッションがいかに特別な時間だったかが分かる。長年にわたる過酷な訓練を受けて、いざ地上から飛び立つと、重力のくびきから解き放たれたおかげで、家庭用冷蔵庫くらいの重い機器でも片手ひとつで持ち運びができるし、ちょっと弾みを付けただけで水中を泳ぐようにスイスイと移動できてしまう。まるで身体能力が一気に拡張して並外れた力を備えたように感じられ、そんな生活が半年も続くとついその超人的な生活に慣れてしまう。

すると、地上に戻ってからが大変だ。筋肉量や骨密度、視力の低下や平衡感覚の喪失といった身体上の障がいが生じてしまう。船外活動という死と隣り合わせの過酷なミッションを経験したために、地上に戻っても当時の心理的体験がフラッシュバックして精神を不安定にさせることもあった。

無重力状態では、重いものも軽々と運ぶことができる。

あるいは地上でふたたび五感の認知機能が高まったために、宇宙船の生活では得られなかった地上の鮮明な景色や、多くの人々とダイレクトにコミュニケーションをとることによって得られた大量の情報が一気に押し寄せて五感が麻痺し、しばらくクラクラしてしまう経験もした。

こうした症状は相当のリハビリ期間を設けて回復させないと、いつまでも非日常の感覚のまま暮らすことになり、自分自身をしっかりと取り戻せない事態にもなりかねない。

ただし、わたしは宇宙と地上を3度行き来しているうちに、完全に地上にいたときの自分に戻るのかというと、そのようなことはないと思うようになった。その差異を、当事者の立場を生かして、できるだけ客観的な研究手法で明らかにしたいと考えるようになった。

というのも、世の中やインターネット上にあふれているデータや最新理論をどんなに解析しても、当事者の内面には迫れないと思うのだ。実際の体験を通じて得た自分自身の内面世界というのは、誰からも壊されない、自分自身の得たものとして確実に残っているからである。

一方のアスリートの世界も、目標に向かってハードな年月を送ってきた人たちばかり。中学時代あたりから注目され、スポーツの有名高校から大学や実業団へと進み、五輪・パラリンピックという最終ゴールをめがけてひたすら能力を高め続けることが要求される。そして晴れの舞台で栄冠を勝ち取ったその直後、奈落の底へ突き落とされるような激しい落差を経験したアスリートとわたしは向き合った。

カーリング選手が燃え尽きそうになるとき

カーリング女子の吉田知那美選手と対談したのは、２０１８年11月のこと。熊谷研究室の参加メンバー同士として臨んだ「当事者研究」のひとつだった。

吉田さんは、同年2月の平昌《ピョンチャン》五輪（韓国）で、カーリング日本初のメダリストとして銅メダルを獲得。試合中、戦術を検討する際に明るく発する「そだねー」が大きな話題になり、吉田さんはムードメーカーとしてもチームをもり立てた。それだけに、彼女から聞いた体験談は落差が大きく、わたしの心に彼女の言葉が次々と突き刺さってきた。

カーリングが盛んな北海道北見市で生まれ育った吉田さんは、中学時代に日本選手権で活躍、旋風を巻き起こした。高校卒業後、カナダ留学を経て北海道銀行のカーリングチームに加入。銀行員の傍ら、練習に励み、２０１４年ソチ五輪（ロシア）の代表選手として5位入賞に貢献した。

その直後、チームから突きつけられたのは「戦力外通告」だった。メンバーの若返りが狙いだったようだが、吉田さんにとっては寝耳に水。奈落の底に突き落とされ、生きる目標を失うような深刻な体験だった。

失意に暮れた吉田さんはまさに「燃え尽き症候群」のような状態になり、やがて銀行を退職。とにかくカーリングから離れようと北海道から飛び出し、各地を旅して回った。その果てにたどり着いたのは、やはりカーリングだった。

現在所属するロコ・ソラーレ（北見市）の設立者・本橋麻里選手から「わたしもかなえたい夢はある。女性アスリートは結婚や出産がマイナスに考えられがちだけど、夢をいつかなえるか、その順番は自分で決める。このチームではそれでいい」と声をかけられ、新天地でカーリングを再開した。「戦力外通告」から4カ月がたっていた。

これを転機に、「カーリングが人生」ではなく「人生の中にカーリングがある」と考え方を変えた。チームの中なら弱さを見せていい。頼ってもいい。未完成のままだっていい。本橋選手はそれを弱さや弱点ではなく、「個性」と呼んでくれた。

わたしは吉田さんの話を聞きながら、「戦力外通告」という予想だにしない人生の岐路に立たされたとき、人はインターバルを置いても立ち直ることができ得るのか、と考えてしまった。

本書の第3章で、負のスパイラルは「タイムアウト」で断ち切れ、と書いた。しかし、吉田さんの場合、意識してインターバルを置いたというよりも、あまりのショックに気持ちがフリーズしてしまい、ぼう然と立ち尽くす状況だったのではないかと想像する。そこから抜け出すのは、並大抵のことではない。「命の洗濯」のつもりで4カ月を無為に過ごしたら、長いトンネルを抜け出せず、後戻りできないことだってあり得るのだ。

吉田知那美さんと、当事者研究を行う東京大学にて。

本橋さんというかけがえのない先輩の存在が窮地を救ったのは言うまでもない。ただ、本橋さんの誘いの言葉を吉田さんの心が受け止められたことこそ見過ごせない。それだけ吉田さんの精神がこれまでの訓練で強じんに鍛えられ、4カ月で立ち直れるほどの回復力を持っていたということではないか。

いまこの瞬間を生きること

２度目の「燃え尽き症候群」は、２０１８年平昌五輪を機に訪れた。カーリングで日本人初の銅メダルの快挙を成し遂げ、日本に凱旋したときだった。

帰国後に待ち受けたのは、熱狂的な人々の歓声。それはカーリングをスポーツとして評価しようというよりも、女性選手たちをアイドルのように好奇のまなざしにさらすようなものだったという。

吉田さんは、日本ではカーリングはまだスポーツとして認められていないと感じ、「身体は帰国したけれども、心が帰ってこられなかった」と振り返った。もう一回がんばろうという気持ちに戻れるまで、長い時間が必要だった。

吉田さんは長らく沈思黙考を続け、およそこんな考え方に至ったという。

ロコ・ソラーレが掲げる目標は「世界一の事前準備をする」ということ。事前準備が足りないと、氷に上がった瞬間に恐怖感に襲われ、「もうやるしかない」と吹っ切れる気持ちにはなかなかなれない。

だから、金メダルや世界一というずっと先にある目標にばかりこだわるよりも、目標に向かう「事前準備」の段階で、その瞬間をいかに躍動感を持って生きていけるか、そこに注力すること。つまり、具体的なゴールにではなく、そこに至る「過程」にこそ目標を置くという考えの方がチームになじむと思い至ったという。

どういうことかといえば、カーリング大国のカナダがいいお手本だ。カナダでは、チームの実力にさほど大差はない。だから、ファンは勝敗よりもチームの持ち味を楽しみ、応援するという。

吉田さんたちのチームがカナダに行くと、「あなたたちはいつも楽しそうにカーリングをする。試合を見るのが好きよ」と言ってもらえるそうだ。それを聞くと、自分たちが氷の上に立つ意味はいまこの瞬間にあると思える。

ところが日本に帰ってくると、オリンピックに行くチームに価値があり、勝てるチームだからこそサポートがつく。だから、勝たなければいけない……そんな堂々めぐりする思いばかりしていると、いまだにカーリングをやめたくなる。

世界一になりたい。でも同じくらい、選手ひとりひとりの価値はどこにあるのかを追い求めたい。チームにとって勝つとか負けるとかを超えた、いまこの瞬間を生き抜こうとするモチベーション。それさえあれば、きっとのびのびと競技を楽しめるのではないか。

レジリエンスな生き方

「引退後」を意識しながらいまを生きる

わたしは、当事者研究で向かい合った吉田さんに、こう語りかけた。

「どうなれば満足に引退できるかと考えているうちはむしろ華で、ほとんどの人は突然引退がやってきます。元バスケットボールのオリンピック選手は、引退せざるを得ない状況に自分を追い込んでしまったといいます。オリンピック選手も宇宙飛行士も、納得できる形で引退を迎えられる保証はない。〝ハレの舞台〟から帰還した後の人生のために、何が引退のきっかけになるかは考えておいた方がいい」

すると吉田さんから明快な答えが返ってきた。

「ロコ・ソラーレは、2018年8月に法人化しました。代表の本橋選手は『法人化すれば、万が一、選手に何かあっても社員として雇うことができる』と。法人化されたことへの安心感は、想像以上に大きいのかもしれません」

　確かに、引退というのは、いきなり突きつけられるもの。金メダルをとっていようが、不本意な結果で終わろうが、引退は必ずやってくる。だからこそ、ロコ・ソラーレの取り組みは、選手たちのことを普通に暮らす人間として当たり前のように扱おうという明確なメッセージを宿しているように思う。


「引退後」を見越した支援は、アスリートたちの世界の方が進んでいるのかもしれない。あれは、日本オリンピック委員会の関係者と一緒に、五輪・パラリンピックのトレーニング施設を訪れたときのことだ。

　代表選手に選ばれ、合宿に臨んでトレーニングに励む選手たちに、委員会側から「現役を引退してからのセカンドキャリアの取り組みについて、いまのうちから考えておいてください」とアドバイスしていたのだ。

　これからメダルをとりに行こうとがんばっている選手たちにしたら「いったい、何を言ってるの？」とあぜんとしてしまう話だろう。

　しかし、それくらいのタイミングから「引退後」を考えることは決して早くない。大学やトレーニングチームに残って指導者になるもよし、スポーツタレントとして活躍するもよし、いろいろな道がある。その備えさえあれば、憂いなく練習に専念できる。

かくいうわたしも、宇宙飛行に飛び立つたびに、先輩から「ミッション前に次の算段を付けておいた方がいい」とよくアドバイスを受けたものだった。本番の試合やミッションが終わってから引退後の準備を始めようとしても、「燃え尽き症候群」で気力を失い、次のステージに踏み出せなくなっているかもしれないからだ。

互いをインスパイアーする

２０２１年9月。北京五輪（冬季）に向けたカーリング女子日本代表決定戦が行われ、ロコ・ソラーレは2連敗から逆転の3連勝を果たし、北海道銀行を退け最終予選の日本代表権を獲得した。

この決定戦でロコ・ソラーレは、ショット成功率が相手を上回っているのになかなか勝利に結びつかなかった。チーム全体で話し合い、「自分たちらしくいくしかない」と気持ちを確かめ合った。喜怒哀楽を出したいつものプレーができるようになると、まるで別人のようにメキメキと実力を発揮して勝利をつかんだ。吉田さんは報道陣に「ミスをしてもわたしたちは悲観することはなかった。運を変えるためにできることは何でもやった。4年前とは比べものにならないぐらい強くなった」と語っていた。

わたしは、アメリカ・ヒューストンでこの代表決定戦のテレビ中継を食い入るように見守りながら、「当事者研究」のときに語った吉田さんの言葉を思い返していた。

「北京五輪ではわたしは30歳です。体力的にどうなるか分からない。技術や精神面では、きっと強くなっていると、自分に期待できる。でも、次を目指す一番の理由は、今のチームがすごく好きだから。このチームでまた4年間を過ごしたい。このチームの最高形が見たい。ひとりひとりがすごく面白くて、その力は未知数。わたしが途中で怪我をしたり、満足できる選手になれなかったりする可能性もある。でも、いまは、このメンバーがオリンピックで戦う姿をもう一度見てみたい。そこに自分がいられるように努力しますが、対戦相手とわたしたちのチームが最高のパフォーマンスで戦って優勝できたら、引退して次のステージへ行くのではないかと自分で予測したりもします」

オリンピックへの切符はもう自分だけのものじゃない。チームそのものが勝ち取るもので、そこに自分がレギュラーメンバーとして加わっていなくてもいい。あのとき、吉田さんはそう達観していた。

そんな吉田さんが日本代表戦の勝利からまもないころ、インスタグラムをアップした。

「これからカナダのカルガリーに移動し、ワールドカーリングツアーに参戦します」と報告した後、今年2月のカーリング日本選手権を振り返っていた。

当時、決勝戦で北海道銀行とぶつかり、6勝7敗の僅差で敗れたロコ・ソラーレ。失意の底にあった吉田さんに、わたしはその翌日、国際宇宙ステーションから電話をかけた。

吉田さんはそのときの思いを綴っていた。

「宇宙にいる野口さんから着信がありました。
人生の先輩からの、先に〝3度目〟の挑戦を成し遂げた野口さんからの温かく、力強く、もう一度心を奮い立たせてくれる、正に天の声でした。
結果は一時的に浴びる光。

あの時の気持ちを忘れずに今シーズンもソラーレらしく、真っ直ぐに、自由に、誠実に、あたたかく光を放つようなパフォーマンスしたいと思います」

出会うはずのなかった人と人をつないだ「当事者研究」。いま振り返ると、この研究スタイルは当事者同士が互いにインスパイアーを与え、新たな価値観といぶきを吹き込んでくれた。「燃え尽き症候群」を乗り越え、以前よりも強じんな自分を感じる。これがレジリエンスのひとつの形なのかもしれない。

　こうしてわたしは3度目の宇宙飛行に成功して地上に帰還し、今度は、吉田さんが3度目の五輪の出場権をかけて海外に飛び立っていった。

宇宙から見た九州。©Soichi Noguchi

エピローグ〜宇宙とわたしの未来

挑戦をあきらめない

「こんにちは。今日は宇宙飛行士の野口聡一さんに特別なメッセージがあります。わたしはクレイグ・グレンディ。書籍『ギネス世界記録』の編集長です。地球上のロンドンからお届けしています。野口さんが今年３月５日に行った船外活動でギネス世界記録『ふたつの船外活動における最も長いインターバル』（“Longest time between spacewalks”）を更新しました。その期間は15年２１４日となります。ギネスワールドレコーズを代表して野口聡一さんにこちらをお渡しします。ギネス世界記録の公式認定証です」

２０２１年４月12日。ギネス編集長のビデオメッセージが地球上のみならず、宇宙にも発信された。映像のなかで、編集長は祝意を述べると、額縁に入った公式認定証を両手につかんで、天に向かってぐいっと高く差し出した。

映像は続けて国際宇宙ステーションに切り替わり、〝逆立ち〟したわたしが手を伸ばして、地上から届いた公式認定証（実際には認定証を画面表示したタブレット）を確かに受け取った。そして、ぐるりと１８０度回転すると、カメラに向かった。

「認定していただき、ありがとうございます。クレイグさん、もうひとつギネス世界記録が樹立できたかもしれません。『最も距離のある贈呈式』です」

このギネス記録は、３度目の宇宙飛行が過去のものとは大きく異なる意味を、はからずも教えてくれた。

前回の船外活動は、２００５年のスペースシャトル・ディスカバリー号のとき。船外ミッションは３度に及び、当時のわたしは40歳の体力をみなぎらせていた。

それから15年あまり。クルードラゴン初号機で飛んだわたしを待ち受けていたのは、第1章でご紹介したように、過酷な船外ミッションだった。わたしはこのとき、55歳。それまでのギネス記録保持者だったロシアの宇宙飛行士セルゲイ・クリカリョフは、46歳のときに最後の船外活動を成功させている。それよりもわたしは、10歳ほど年齢を重ねていたことになる。わたしより高齢で船外活動をした宇宙飛行士はいるのだが、15年も時間をあけてふたたび船外活動に挑戦したものはいなかったということだ。

ＮＡＳＡからは事前訓練で厳しいチェックにさらされ、そのたびにわたしは自問自答

15 年 214 日ぶりの船外活動によって、宇宙にいながらにしてギネス認定証を授与された。

したものである。「いまのお前は無事に船外活動ができるか」「一緒にあのクルーをちゃんと助けて戻ることができるのか」。過去の実績ではなく、いまこの瞬間、15年前と同じ活動ができるかどうかを試されたのだ。

実際、クルードラゴンの仲間だった新人のビクター・グローバーを見ていても、船外活動に取り組むその働きぶりに、「体力的にはかなわないな」「やっぱり若いっていいな」と感じることはあった。

それでも、体力的な部分を経験と知識で補うことができる、と今回の船外ミッションで確かめられた。これなら若い飛行士と一緒にやっていける。50代半ばにさしかかり、わたしは「挑戦をあきらめない」という思いと手応えを感じていた。

宇宙アリの寓話

人気マンガ『宇宙兄弟』をご存じの方も多いだろう。その中で、主人公の若者ふたりにわたしを模した宇宙飛行士が語りかける場面がある。

それは「なぜ人は宇宙へ行くのか」と問われ、わたしが話した「宇宙アリ」の寓話だ。わたしはこう話す。

みなさん、自分をアリだと想像してみてほしい。地面に書かれた一本の直線の上を、前後にだけ動くことのできる「一次元アリ」が行進している。そこへ、石コロが落ちてきた。もう前に進むことはできない。

するとどうだろう。アリの一部は、石コロを左右にスルリとかわし、次の世界に進むことができた。横の動きを手に入れた「2次元アリ」だ。

そんな彼らの前に現れたのは、大きなカベだった。前後左右の動きしか知らないから、カベを越えて向こう側に行くことはできない。

すると今度は、何匹かの勇敢なアリが命がけで上へと登り始めた。登ろうとしないアリから「無理だよ」と諭されても、よじ登る。上へと登る動きを手に入れた「3次元アリ」は、果たしてカベを登り切り、高みにたどり着く。そこには、いままで見たことのない新たな景色が広がっていた……。

この寓話は、わたしが『宇宙兄弟』の作者、小山宙哉さんに実際に話したものである。当時のわたしは1度目のフライトが終わったころだった。小山さんたちは新作の構想を練るためにヒューストンまで視察に来られたのだった。見学が終わった後、テキサスステーキを一緒に食べながら話した内容がそのままマンガのストーリーになったのだから面白いものだ。

わたしが言いたかったのはこういうことだ。何か問題に突き当たったとき、それまでの常識だけで動いていては問題を解決できない。1次元より2次元、2次元より3次元と、視点をひとつ高い「次元」に置いてみれば、かならず新しい解決策が見つかるんじゃないか。それが新しい時代を切り開く「突破力」になるんじゃないか、と。

常識なんてどんどん変わる。新しい「宇宙」という場所に飛び込んでいく勇気さえあれば、必ず、新たな気の合う仲間と、面白くて夢中になれるものに出会えるはず。大事なのは、そんな「宇宙」を心のなかに持つことだ、と。

50代半ばになったいま、もうこの道は行き止まりじゃないかと思うこともある。けれども、経験から得た知恵をこらし、別の視点から見ることができたなら、気付かない場所に、解決の道はきっと開けているはずだと思う。その先には、知らないこと、面白いことがまだまだいっぱいある。だから、あきらめることは何もない。いつだって挑戦はできる。

今回のギネス記録は、わたしのなかに確かな手応えを感じさせてくれた。かつて遭遇した帰還後の「燃え尽き症候群」みたいな気力の衰えはない。「次に向かえる」という前向きな自分を見つけることができたと思っている。

ギネス記録と国際宇宙ステーションの将来

わたしは、もうひとつのギネス記録にも恵まれた。いわく、「三つの異なる着陸方法で宇宙から帰還した最初の宇宙飛行士」（"First astronaut to return from space using three different landing techniques"）である。

帰還方法は最初がスペースシャトルの滑走路、2番目がソユーズの草原地帯、そして3度目のクルードラゴンはイルカが泳いでいた海の上に着水した。

このギネス記録には大前提がある。わたしが、アメリカとロシア両国の宇宙船3種類に搭乗できたという事実だ。よくよく考えると、日本人には自国の宇宙船はない。それでも、外交を通じて各国とうまく連携できたからこそ、このふたつ目のギネス記録が生まれた。わたしは、この日本の立ち位置こそ、今後の国際宇宙ステーションを舞台にした国際協調を支える要のひとつになると信じている。

いま、国際宇宙ステーションは耐用年数を大幅に超え、ロシアが撤退する方針を示しつつある。アメリカとロシアがうまく協調して打ち上げたのが国際宇宙ステーションだっ

2021年5月2日フロリダ沖に着水、無事地球に帰還した。©JAXA/NASA

た。四半世紀近く順調に来たけれども、その時々の国際情勢に左右されざるを得ない側面も確かにあった。

中国の動向も見過ごせない。独自の国際宇宙ステーション建設に着手し、月面探査も進めている。現在の米中対立のままでは、国際宇宙ステーション計画に中国は入れないかもしれない。

でも、政治的な対立や人権問題がクリアになったとき、すぐ解決に向けて動けるように対話のチャンネルはしっかり保っておきたい。わたしたち日本は、いろいろな国とうまく手を取り合って、国際的な協調プロジェクトとして宇宙開発に関わりたいと願っている。

そして現場レベルの宇宙飛行士同士の交

流はオープンにしておきたい。世界宇宙飛行士会議という世界中の待機宇宙飛行士の集まりがある。わたしは現役組として交流を続けているが、中国人宇宙飛行士とは同じような宇宙体験をしているので、やはり、人と人が話せば通じるものがあると感じている。

揺るぎない思いがある。宇宙開発に軍事的な理由が存在することは否めないが、少なくとも、宇宙に行くときにはその国の利益を代表しているのではなく、人類の代表として宇宙というフィールドで互いに協力し、互いの命を守る。この一点が揺らいでは、共倒れになってしまう。

同じ運命共同体。地球を守ろう、そして宇宙環境をずっと活躍できる場にしようという気持ちでひとつにまとまれたらいい。いまのところ、国際宇宙ステーションはそういう場になっている。そんなわたしたちに、ギネス記録はあらためて、連帯の証しを与えてくれた。

国際宇宙ステーションに挑む前澤さんへのエール

２０２１年９月29日。わたしはＪＡＸＡ主催の「野口宇宙飛行士 ミッション報告会」に臨んでいた。開始から2時間ほどたったころロシアとオンライン映像がつながり、宇宙飛行訓練中の前澤友作さんが登場した。いわずと知れた衣料品通販大手「ＺＯＺＯ」の創業者である。

前澤さんはロシアのソユーズで12月に国際宇宙ステーションに向かう。滞在予定期間は12日間。６月中旬からロシアでおよそ１００日間の訓練に入っていた。

民間の日本人として初めて国際宇宙ステーションに滞在する前澤さんだが、オンラインに映し出された表情は少しこわばっていた。

「正直、訓練がここまで過酷で、ここまでまじめで、ここまで長期にわたるとは想像してなかったです。半分くらい旅行気分だった自分の甘さを痛感しました。野口さんたち宇宙飛行士のすごさを痛感しています」

なるほど、地上１００㎞レベルの宇宙空間を飛ぶヴァージンギャラクティックやブルーオリジンの飛行とは勝手が違う。１００㎞レベルでは、15分ぐらいの飛行が限界で、無重力体験は４分くらいにとどまる。プロの宇宙飛行に課せられるような訓練は必要なく、健康診断と帰還時の脱出方法をマスターしておくくらいで十分だろう。

一方の前澤さんは地球周回軌道を飛行するため、プロ並みの訓練が必要だ。衣食住とも宇宙空間で行うわけだから、それこそトイレの使い方からご飯の食べ方まで、宇宙の暮らしをイチから教わることになる。

実際、９月に３日間の地球周回飛行に成功した「インスピレーション４」の民間人乗組員にわたしは前もって会っていたが、本当に一所懸命訓練に励んでいた。誰ひとり宇宙に行ったことがない。プロも同乗しない。それでも、スペースXの優秀なインストラクターが付いた訓練は真剣だった。こうした本格的な宇宙旅行がやがて一般的になる。これは、大きな〝事件〟だとわたしは思っている。

わたしはミッション報告会で、前澤さんに語りかけていた。

「前澤さんはお金持ちで、楽しみで宇宙に行くといわれるが、それは違います。単身でロシアに乗り込み、日本語で聞いても難しい世界なのに、ロシア語でたたき込まれている。

しかもテストが繰り返されるという苦労は、想像を絶する。本当にすごい。２０２１年、わたしと星出宇宙飛行士が宇宙に行き、前澤さんたち２人をあわせると、日本人は４人。すごい1年になります。初の年間４人を成し遂げてくれる。同じ日本人として、前澤さんを応援しています」

宇宙飛行の未来像

わたしはいま、実に面白い時代に居合わせていると思っている。スペースXをはじめ、民間の宇宙企業が続々と参入し、今後の10年、20年を引っ張っていく新しいプレーヤーたちがメキメキと力を付けている。

民間企業だから相手はひとつの国に限らない。国家と国家の垣根を越えて、世界的な視野で宇宙事業に携わることができる。単に日本代表とかアメリカの宇宙船とか言っている場合ではない。地球規模なのだ。全て初ものは「世界初」になる。そういう意味でいえば、わたしの３度のフライトは、１回目は「自分初」、２回目は「日本初」、３回目は民間宇宙船によって「世界初」を遂げたといえるのかもしれない。

２０２２年1月、アメリカの宇宙企業アクシオムスペースは民間人４人を国際宇宙ステーションに運ぶ予定だ。船長を務めるのは、ＮＡＳＡを退役した元宇宙飛行士。軌道上の周回飛行となれば、やはりプロの水先案内人が必要になる。

数分間に限った宇宙空間のフライトと違い、滞在日数が多くなる本格的な宇宙飛行では、何か異常事態が起きたとき、自動操縦に任せておけないこともある。深い知識を持ったプロの宇宙飛行士が対応することで危機を乗り越えられることもあると思う。

わたしは将来、そんなプロの水先案内人の仕事に就いているかもしれない。宇宙観光旅行時代が進むにつれ、経験者として関わっていく道はどんどん広がっていくはずだ。

もしかしたら、月旅行にも携わっているかもしれない。日本人にとって、月は未踏の地。憧れの場所だ。月をぐるっと回り、反対側も見てみたいな。地上からは決して見えない場所だから。はたして、餅つきのうさぎはいるのかな。かぐや姫の住まいはあるのだろうか。幼いときの想像がいまもふくらむ。

月を見上げながら、そんな「宇宙飛行の未来像」も素敵じゃないかなって思っている。

ISSから見た十六夜（いざよい）の月。既望（きぼう）ともいわれる。

読者のみなさんへ

どの世代にも苦しみの時代がありますが、現代を生きるわたしたちにとってこの数年はまさしく耐え忍ぶ時代でした。２０１９年末にわたしたちの世界に現れた新型コロナウイルスの脅威は瞬く間に世界を席巻し、わたしたちの生活を変えてしまいました。大切な人が亡くなり、楽しみにしていたイベントは中止・延期され、人々の心は分断されました。「２０２０年」という、ほんの少し前までは未来感ときぼうに満ちていたはずの年はどこにいってしまったのでしょう。２０２１年に入りワクチンが行きわたるにつれて社会生活は少し落ち着いたように見えますが、この混迷はどこまで続くのか、まだ予断を許さないといえるでしょう。

宇宙飛行士訓練という、ある意味きわめてアナログで手づくり、そして大勢の人に揉まれながら進める仕事は、コロナ禍の影響をもろに受けました。宇宙飛行士は厳重な監視の下で隔離され、時には家族と会うことも憚《はばか》られ、インストラクターや管制官とは画面越しのやりとりが主流になりました。打ち上げは延期となり、任務内容も少しずつ変わり、宇宙へのモチベーションを保つのに苦しんだ時期もありました。

しかしながら、こんな時代の中にあっても、わたしたちＣｒｅｗ《クルー》－１《ワン》は宇宙に挑戦することを選択しました。わたしたちが新型宇宙船に付けた名前は「レジリエンス」でした。強じん性、と訳されるこの言葉は、復活への強い意志、困難を乗り越える力、そしてしなやかに状況に対処していく柔軟性を志向しています。そして、そのレジリエンスを発揮していくためにわたしたちが意識したのは「物理的に離れていても、心理的に孤立しないこと」です。新型コロナウイルスへの恐怖心から、とかく人々は感染を避けるために対人距離をとる、つまり物理的に離れる過程で、いつの間にか心のつながりも引き離してしまい、自主的か強制的かは別にして、全ての人が隔離という名の孤立を強いられてしまいました。でも、人類の未来は孤立から生まれるのではなく、つながりから始まるのだとわたしは思いたいのです。分断と別離の悲しみを乗り越えて、ポスト・コロナという時代を切り開いていくためには、ダイバーシティー（多様性）、インクルージョン（受容性）、そしてレジリエンス（強じん性）が重要です。つまりさまざまなバックグラウンドを持つ人々の「多様性」を認め、その多様性に対する尊重と「受容」を果たしながら一体化を目指し、組織としてのしなやかさと「強じん性」を高めていくこと。宇宙への挑戦は、まさしく人々の気持ちを明るい未来に向け、困難な目標に立ち向かう姿を見せることで人々の「きぼう」

を明日へとつなげていく——そんな気持ちで、わたしたちはこのミッションに挑んだのでした。読者のみなさんにも、この悲しみと閉塞感に満ちた困難な時代を強じんに乗り越えていこうという、わたしたちの意気込みに共感していただけますと幸いです。

"Grief and resilience live together." —*Michelle Obama*
悲しみと強じん性は共生している。 —ミシェル・オバマ元大統領夫人

本書をまとめるにあたり、世界文化ブックスの原田敬子様、共同通信社の垂見和磨様にご協力いただきました。おふたりのご尽力なしに本書が世に出ることはなかったといっても過言ではありません。ここに深く感謝いたします。

レジリエンス打ち上げ一周年を、心身ともに健康で迎えられることに感謝しつつ

２０２１年11月　野口　聡一

‐参考文献‐

『宇宙日記　ディスカバリー号の15日』（野口聡一、世界文化社、２００６年）

『スィート・スィート・ホーム』（野口聡一、木楽舎、２００６年）

『オンリーワン　ずっと宇宙に行きたかった』（野口聡一、新潮社、２００６年）

『宇宙においでよ！』（野口聡一、林公代、講談社、２００８年）

『宇宙飛行士が撮った母なる地球』（野口聡一、宇宙航空研究開発機構（ＪＡＸＡ）、中央公論新社、２０１０年）

『宇宙より地球へ　Message from Space』（野口聡一、大和書房、２０１１年）

『宇宙少年』（野口聡一、講談社、２０１１年）

『なぜ、人は宇宙をめざすのか―「宇宙の人間学」から考える宇宙進出の意味と価値』（「宇宙の人間学」研究会、誠文堂新光社、２０１５年）

「日常への帰還　アスリートと宇宙飛行士の当事者研究」（東京大学先端科学技術研究センター主催シンポジウム、２０１８年7月30日）

「勝たない自分たちに、価値はないのか」（東京大学先端研ウェブサイト、２０１８年12月21日）

「ＲＣＡＳＴ ＮＥＷＳ １０６号」（２０１９年）

「微小重力空間での定位：宇宙飛行士による当事者研究」（野口聡一、東京大学博士論文、２０２０年）

『宇宙に行くことは地球を知ること』（野口聡一、矢野顕子、林公代、光文社、２０２０年）

「ＪＡＸＡ野口宇宙飛行士 ＩＳＳ 長期滞在ミッションプレスキット」（ＪＡＸＡ）

ＮＡＳＡウェブサイト

ＪＡＸＡウェブサイト

野口聡一　のぐち・そういち

JAXA宇宙飛行士。1965年、神奈川県生まれ。博士（学術）。96年、宇宙飛行士候補に選出。98年、NASAミッションスペシャリスト（搭乗運用技術者）として認定。2005年、スペースシャトル・ディスカバリー号で自身初の宇宙飛行に成功。3度の船外活動をリーダーとして行う。2009年、ソユーズに搭乗し、2度目の宇宙飛行を行った。国際宇宙ステーション（ISS）に約5か月半滞在し、日本実験棟「きぼう」のロボットアームの整備や実験などを実施。2020年、日本人で初めて民間宇宙船クルードラゴン初号機（Crew-1）に搭乗、ISSに166日間滞在し、4度目の船外活動や「きぼう」におけるさまざまなミッションを実施した。ツイッターやユーチューブで宇宙から積極的に発信、リアルな宇宙での暮らしを地上に届け、大きな反響を呼んだ。

取材・文　垂見和磨（一般社団法人 共同通信社）
デザイン　熊谷元宏（knvv）
イラスト　中根ゆたか
DTP製作　株式会社 明昌堂
校　正　円水社
編集部　原田敬子

発行日　2021年12月15日　初版第1刷発行

宇宙飛行士 野口聡一の全仕事術

著　者　野口聡一
発行者　竹間勉
発　行　株式会社 世界文化ブックス
発行・発売　株式会社 世界文化社
〒102-8195
東京都千代田区九段北4-2-29
電話　編集部　03（3262）5118
販売部　03（3262）5115
印刷・製本　株式会社リーブルテック
©Soichi Noguchi, 2021. Printed in Japan
ISBN 978-4-418-21602-4
無断転載・複写を禁じます。
定価はカバーに表示してあります。
落丁・乱丁のある場合はお取り替えいたします。